AF341139

DICTIONNAIRE

DE LA

PÊCHE A LA LIGNE

PARIS. — IMPRIMERIE Ve ÉDOUARD VERT

29, rue Notre-Dame-de-Nazareth, 29.

DICTIONNAIRE

DE LA

PÊCHE A LA LIGNE

DE

EM. SAVOURÉ

RÉÉDITÉ PAR

Ad. ROBILLARD

PARIS

IMPRIMERIE Vᵉ ÉDOUARD VERT

LIBRAIRE-ÉDITEUR

29, rue Notre-Dame-de-Nazareth.

DICTIONNAIRE

DE

LA PÊCHE A LA LIGNE

POUR

SERVIR A L'INSTRUCTION DES PÊCHEURS

AB

Ablette (*Alburnus* ou *Albula*). — L'Ablette est connue en France sous les noms : d'Able, Ablen, Ovelle, Borde et Bleïs. On la nomme aussi Melette d'eau douce ou Hirondelle d'eau, parce qu'elle est très-adroite à attraper les mouches. — Elle parvient à une longueur de 10 à 15 centimètres. Son dos est olivâtre ; les côtés de son corps sont blancs ; ses écailles sont minces et brillantes, elles servent à donner aux fausses perles l'éclat des perles fines.

L'ablette habite les rivières et les fleuves ; elle se tient presque toujours à la surface de l'eau ; elle voyage par troupes ; elle est souvent attaquée par une espèce de ver qui en détruit beaucoup.

Pêche de l'Ablette. — On pêche l'ablette le matin et le soir pendant tous les mois d'été. On choisit les eaux vives et peu profondes et l'on emploie pour appâts : des mouches, des fourmis, des œufs de fourmi, des vers blancs, du pain ou du blé cuit.

Il existe deux manières de pêcher les ablettes : l'une avec une ligne aux coups ; l'autre avec une ligne à fouetter.

Pour pêcher avec la ligne aux coups, il faut que l'appât qui est accroché aux hameçons demeure entre deux eaux. On jette la ligne au large de la rivière ; on la laisse descendre le courant en agitant de temps en temps, dans son parcours, la flotte de cette ligne pour exciter les ablettes à prendre l'appât.

Le pêcheur doit piquer aussitôt que la flotte disparaît ou quand elle fuit rapidement sur la surface de l'eau.

Pour pêcher à fouetter, on choisit des endroits moins profonds que pour la pêche aux coups, une eau plus rapide et principalement la pointe d'un îlot ou d'une languette de terre avançant dans l'eau. On accroche aux hameçons de la ligne des vers blancs ou des fourmis.

On s'assied au bord de l'eau ou l'on entre dans l'eau jusqu'à mi-jambe. On jette la ligne devant soi ; on la ramène par un coup sec à mesure que le courant l'entraîne. On reconnaît qu'un poisson est pris par la résistance qu'on éprouve en ramenant la ligne.

La pêche de l'ablette exige qu'on amorce souvent et en petite quantité.

On se sert, pour amorcer, de vers blancs mêlés avec du crottin de cheval, et d'œufs de fourmi, quand on peut s'en procurer.

Aiguille à amorcer. — L'aiguille à amorcer est
en fer, en cuivre ou en acier; sa longueur est de 12 à
15 centimètres; elle forme la pointe d'un côté et un
crochet de l'autre. Cette aiguille s'emploie pour amorcer les hameçons des lignes de fond avec des poissons
vivants. V. *Brochet*, pêche à la ligne de fond.

Amorce vive. — On nomme amorce vive, les petits poissons dont on se sert pour amorcer les lignes à
anguille, à brochet, à perche, à truite, etc. On prend
pour amorcer: la bouvière, le goujon, la loche, le véron, et en général toutes les espèces de poissons d'eau
douce, sans excepter la petite perche à laquelle on
coupe la nageoire dorsale.

On pêche à l'amorce vive pendant toute l'année; on
accroche le poisson à l'hameçon soit par la nageoire
dorsale, soit par les narines, soit en le traversant de la
bouche à l'anus au moyen de l'aiguille à amorcer; dans
ce dernier cas l'hameçon est fixé au devant de la bouche du poisson.

Amorcer. — Le mot amorcer a deux significations.
On dit amorcer un hameçon, lorsqu'on le garnit d'un
appât quelconque; on dit amorcer, lorsqu'on jette dans
l'eau des aliments pour attirer les poissons.

Dans les rivières il faut amorcer, parce que les poissons ont un plus grand espace pour nager, et qu'il est
nécessaire de les attirer sur un point et de les obliger
à s'y réunir et à y séjourner pour les prendre plus facilement. C'est aussi en courant sur les aliments qu'on

leur jette que les poissons avalent les appâts qui garnissent les hameçons des lignes.

En règle générale, plus l'amorce est abondante, plus la pêche est fructueuse ; que le pêcheur se pénètre bien de cette observation.

Les aliments qu'on emploie pour amorcer sont : le blé et d'autres grenailles, les cerises aigrelettes et le raisin noir, le pain, le sang, les vers blancs, les vers de terre, le fumier, la fiente des animaux, l'avoine verte, les escargots écrasés, les œufs de fourmi, les pâtes préparées, etc.

De l'amorce avec le blé. — Pour pêcher au blé, il faut amorcer plusieurs jours de suite avec du blé cuit mélangé de seigle, de chenevis et d'autres grenailles. On éparpille cette amorce en la jetant dans l'eau pour qu'elle se répande sur un plus grand espace, sans toutefois dépasser la limite de l'endroit choisi pour pêcher.

Les poissons et surtout les carpes et les barbeaux, avalent une très-grande quantité de blé en peu de temps, c'est pourquoi on doit prodiguer l'amorce pour les obliger à rester plus longtemps au même endroit, ou à y revenir chaque jour lorsqu'on se propose d'y pêcher souvent.

Pendant la pêche on jette de temps en temps quelques poignées de blé dans l'eau.

De l'amorce avec les cerises ou le raisin. — On amorce en jetant le soir pendant plusieurs jours, quelques poignées de cerises ou de raisin noir égrené.

De l'amorce avec du pain. — On emploie, pour amorcer, des croûtes de pain que l'on mâche avec les dents et qu'on jette autour de la flotte de la ligne ; mais comme il faut amorcer continuellement et pendant toute la durée de la pêche, cette opération devient très-fatigante. On peut y suppléer en râpant des croûtes de pain, en les mouillant et en y mêlant du sable fin. On fait du tout une pâte qui se délaye facilement dès qu'elle est dans l'eau. Cette pâte forme un brouillard en tombant, et les poissons saisissent les parties les plus apparentes. Le pain resterait à la surface de l'eau et l'amorce serait sans résultat si elle n'était mâchée ou préparée de cette manière.

De l'amorce avec le sang. — Le sang pour amorcer doit être coagulé ; on prend ordinairement du sang de veau ou de mouton, ou bien des résidus de triperie mélangés d'une grande quantité de sang et de fiente de bœuf ou de vache.

On met ce sang ou ces résidus dans un réseau ou filet qu'on descend au fond de l'eau, et qu'on remue souvent pour aider les matières qu'il renferme à se délayer et à s'en échapper. Il se forme alors, dans le courant de l'eau, une ligne rougeâtre qui attire les poissons et les fait arriver pour saisir au passage cette abondance d'aliments. C'est dans la direction de ce courant que la ligne doit être placée pour que l'appât qu'elle porte soit saisi comme étant plus apparent et plus friable.

Le sang mis pour appât à l'hameçon doit être renouvelé souvent.

De l'amorce avec des vers blancs. — Il existe deux manières d'amorcer avec ces insectes : l'une consiste à peloter, on l'emploie pour les fonds d'eau.

On prend à cet effet de la terre grasse comme étant plus susceptible de résister dans l'eau. On l'amollit et on la pétrit en la mouillant ; on la divise en plusieurs pelotes ou boules, et l'on introduit au milieu de chacune d'elles une poignée de vers blancs qui percent la pelote et en sortent les uns après les autres, lorqu'elle est au fond de l'eau.

On jette plusieurs pelotes en même temps en les espaçant les unes des autres, et on les renouvelle lorsqu'on présume que les vers en sont sortis.

L'autre manière d'amorcer avec les vers blancs consiste à mêler les vers avec du crottin de cheval, et à en jeter des pincées dans l'eau ; cette manière d'amorcer convient dans les endroits peu profonds.

De l'amorce avec des vers de terre. — On amorce avec des vers coupés par morceaux, mêlés avec de la fiente d'animal ou avec du fumier frais et bien consommé ; il est utile de jeter cette amorce plusieurs jours à l'avance et de la renouveler tous les soirs ; elle convient pour les gros poissons.

Pour amorcer le goujon, on remue le fond de l'eau avec un long bâton garni à son extrémité d'une rondelle en feutre ou en cuir, ou l'on jette de la poussière sablonneuse dans l'eau.

Anguille (*anguis, anguilla*). — L'anguille ressemble à la couleuvre ; elle a, comme elle, le corps rond, long et étroit; il est couvert d'une matière gluante. Sa tête est petite et pointue; les deux mâchoires et le palais de la bouche sont garnis de petites dents aiguës.

La couleur de l'anguille dépend de la nature du fond des eaux qu'elle habite; elle a le corps noir lorsque le fond est bourbeux; le ventre est jaunâtre. L'anguille prend une couleur d'un blond pâle lorsque le fond est sablonneux; cette couleur est verte ou brunâtre dans les fonds herbageux; le ventre de ces deux espèces est argentin. La peau des anguilles est souple; elle est garnie d'écailles longues et molles qui ne sont visibles que lorsque la peau est sèche.

Les anguilles se nourrissent de petits poissons, d'insectes, de vers de terre, de grenouilles, de charogne et des œufs des autres poissons; elles ne se plaisent pas toujours dans les eaux qu'elles habitent. On en a vu émigrer d'un étang dans un autre; on en a trouvé dans des pièces d'eau où l'on n'en avait pas mis. Elles quittent rarement pendant le jour les herbes ou la vase; elles se cachent, soit dans les trous qu'elles y forment, soit sous les pierres qui leur servent de retraite; elles s'y ménagent deux ouvertures pour le cas où l'une des deux viendrait à être bouchée. Elles ont la vie très-adhérente; elles peuvent vivre plusieurs jours hors de l'eau, lorsqu'on les met dans un endroit humide. On rapporte qu'une personne, allant de Saint-Pétersbourg à Moscow, où les anguilles sont rares et recherchées, en exposa à l'air pour les faire geler; elle les enveloppa dans la neige, et, à son arrivée, elle mit les anguilles dans de l'eau douce, où elles revinrent à la vie.

Les auteurs ne sont pas d'accord sur le mode de multiplication ou génération des anguilles. On croyait autrefois qu'elles naissaient dans la vase ; les uns assuraient qu'elles étaient vivipares, les autres ont écrit qu'elles étaient ovipares. On a prétendu aussi qu'elles naissaient dans la pourriture comme les vers. L'opinion de Pline et d'Athénée, sur la génération des anguilles, était que ces poissons frayaient en se frottant contre les pierres et que le limon qui se détachait de leur corps prenait vie et formait de petites anguilles.

Pêche de l'anguille à la ligne dormante. — On prend les anguilles, pendant le jour, à la ligne dormante, dans les endroits où l'eau ne coule pas et où l'on débarde des trains de bois flotté. On tend plusieurs lignes à la fois, et l'on amorce les hameçons avec de très-gros vers à tête noire ou avec des goujons vivants.

Lorsqu'on pêche avec des vers, ils doivent reposer entièrement au fond de l'eau ; mais si l'on pêche au vif, le goujon doit pouvoir nager à quelques centimètres du fond, de manière que l'anguille puisse s'en emparer en rampant.

L'attaque d'une anguille, quand elle cherche à saisir l'appât, se reconnaît par les mouvements de la flotte de la ligne ; cette flotte sautille sans changer de place ; puis elle s'enfonce tout d'un coup, ou glisse de côté à plus ou moins de profondeur ; elle reste quelquefois à deux ou trois centimètres de la surface de l'eau ; ce coup indique que l'anguille, après avoir pris l'appât, se tient à la place même où elle l'a avalé, et l'on ne doit point hésiter à la piquer.

Voici la manière de piquer et de prendre une anguille avec une ligne dormante :

Aussitôt qu'on s'aperçoit que la flotte de la ligne commence à sautiller, on prend la canne à pêche des deux mains, on la relève doucement pour tendre légèrement la bannière, on attend que la flotte s'enfonce, et l'on pique par un coup sec.

En ce moment le pêcheur éprouve une forte résistance ; il lui semble que l'hameçon de sa ligne est accroché au fond de l'eau. Il raidit alors la ligne, et la tient tendue jusqu'à ce qu'il sente dans la main un relâchement qui est bientôt suivi d'un tremblement causé par les mouvements tortueux du corps de l'anguille.

Lorsque l'anguille est détachée des herbes ou des racines autour desquelles elle s'était repliée, elle se laisse entraîner sans résister jusqu'à la surface de l'eau ; mais, arrivée là, elle réunit toute sa force pour s'échapper ; elle replie sa queue sur elle-même, elle frappe l'eau par des sauts saccadés ; et si la ligne reste tendue, elle est brisée en un instant. L'attention du pêcheur doit se porter sur ce mouvement ; il saisit vivement la bannière de la ligne et jette la canne de côté. Il amollit ou raidit la ligne selon les mouvements du poisson ; il rend la main dès qu'il voit la queue de l'anguille se déployer, et il profite du moment où elle a produit son effet, c'est-à-dire où le corps de l'anguille est allongé, pour la faire sauter sur la terre. Il la prend au même instant avec un linge sec ou avec la main, en la pressant fortement près des ouïes, car le corps de l'anguille est tellement glissant lorsqu'on le sort de l'eau, que sans cette précaution on ne pourrait se rendre maître du poisson.

L'anguille avale presque toujours l'appât jusqu'au fond des entrailles, et il devient impossible de sortir l'hameçon ; il faut en faire le sacrifice et armer la ligne d'un nouvel hameçon.

L'époque la plus favorable pour pêcher les anguilles avec les lignes dormantes, est le moment de la floraison des seigles. On les prend le matin et le soir, quelquefois au milieu de la journée, surtout lorsque le temps est à l'orage.

On amorce pendant plusieurs jours avec des vers coupés par morceaux ou de la charogne.

Pêche de l'anguille avec des lignes de fond. — Pendant tous les mois d'été, lorsque la lune ne luit pas, on pêche les anguilles au moyen de cordeaux ou traînées en fouet de lin garnis de plusieurs hameçons amorcés avec des vers de terre ou des poissons vivants. On peut aussi amorcer ces hameçons avec des morceaux de poissons séchés au soleil ou avec de petites grenouilles.

On tend les traînées le soir près des moulins, des chutes d'eau et dans tous les endroits pierreux ; on relève les traînées le lendemain matin avant le lever du soleil, afin que les anguilles qui s'y trouvent prises ne brisent pas les lignes et ne s'échappent pas.

Pêche à la vermeille. — Dans les endroits où les anguilles sont abondantes, on les pêche à la vermeille.

La vermeille est composée d'un bout de fort fil de Bretagne dans lequel on enfile avec une longue aiguille plusieurs gros vers dont on forme un paquet qu'on attache à un bout de ficelle. On descend ce paquet de vers au fond de l'eau, et dès qu'une anguille s'en est emparée ou l'enlève rapidement.

On fait aussi des vermeilles de la manière suivante :

On prend plusieurs bouts de fil et on attache à chacun d'eux une aiguille par le milieu. On entre chaque aiguille dans le corps d'un ver, et l'on fait un paquet du tout. Lorsqu'une anguille avale un des vers, l'aiguille, en tirant, se place en travers du gosier du poisson, et on le sort de l'eau.

Ce mode de pêche a lieu ordinairement à bord d'un bateau.

Pêche au couffe de palangre. — En Provence on emploie, pour pêcher les anguilles, un panier assez grand qu'on nomme couffe de palangre. Ce panier est fait avec une plante nommée plante d'auffe ou de sparte, qui a la vertu d'attirer les anguilles.

On attache autour de ce panier de forts hameçons garnis de vers de terre ; on le remplit de pierres, et on le descend le soir au fond de l'eau pour le retirer le lendemain matin.

Pêche à la foëne. — Lorsque les eaux sont transparentes, et qu'on peut distinguer les anguilles au fond de l'eau, on les prend avec une foëne. On se sert aussi de cet instrument pour piquer les anguilles qui rampent dans la vase. (Voir le mot *foëne*.)

Anneau à décrocher. — L'anneau à décrocher

se nomme aussi grappin; il est en cuivre fondu, le devant est plus épais que le derrière, il est garni de trois dents pointues et légèrement courbées. Il existe derrière cet anneau une languette percée d'un trou pour y passer une longue ficelle.

On fait aussi des anneaux brisés en deux parties qui s'ouvrent par la moitié au moyen d'une charnière, et servent pour les cannes à moulinet.

L'anneau à décrocher sert à dégager l'hameçon de la ligne lorsqu'il est accroché au fond de l'eau. Pour se servir de cet anneau, on le passe par le gros bout de la canne à pêche et on le fait glisser tout le long de cette canne et de la ligne jusqu'à ce qu'il soit au fond de l'eau; on raidit alors celle-ci, et au moyen de la ficelle qu'on a retenue dans la main, on tire à soi l'anneau jusqu'à ce que l'hameçon soit décroché.

Appât. — L'appât est l'amorce qu'on accroche aux hameçons pour prendre les poissons. Il y a des appâts naturels et des appâts artificiels.

Les appâts naturels sont: les insectes comme les mouches, les hannetons, les sauterelles, les grillons, etc., divers fruits tels que les cerises, le raisin, la groseille, le blé, les fèves ou féverolles, le fromage, le sang, le pain, le bœuf cuit, les poissons, les crevettes, les queues d'écrevisse et en général tous les aliments qui servent à la nouriture des poissons.

Les appâts artificiels sont la représentation ou une imitation des insectes naturels comme des mouches, des araignées, des hannetons, des sauterelles, des papillons, etc.

Assa-fœtida. — Poudre dont on se sert pour attirer les écrevisses et qu'on trouve chez les pharmaciens et les droguistes. V. *Ecrevisse.*

Bannière. — On appelle ainsi le corps principal de la ligne, c'est-à-dire le crin ou la soie sur lesquels sont attachés la flotte et les hameçons. V. *Ligne.*

Barbeau ou **Barbillon.** — (*Barbus*). Le Barbeau a la tête pointue; sa lèvre supérieure est saillante, forte, rougeâtre et charnue; elle est garnie d'excroissances de chair qu'on nomme barbillons. Le corps de ce poisson est rond, d'une couleur olivâtre mélangée de blanc et de jaune, et moucheté de points noirs. On a compté que les écailles qui couvraient le corps d'un barbeau étaient au nombre de cinq mille.

Le barbeau fraye pendant les mois de mai et juin; il aime les courants rapides, c'est pourquoi on le trouve plus abondant près des chutes d'eau, des vannes des moulins; il se tient sur les fonds caillouteux ou sablonneux. Il se nourrit de vers rouges, de vers blancs, de vers à queue, de vers à soie et des larves de ces derniers. On le prend aussi avec du fromage de gruyère, du bœuf cuit, du blé, des grillons et de petits poissons tels que loches, goujons, etc.

On pêche le barbeau à la ligne aux coups, à rouler, à soutenir, au grelot et à la ligne de fond, depuis le mois d'avril jusqu'à la fin de septembre, le matin et le soir, et pendant la nuit.

Pêche du barbeau à la ligne aux coups. — On choisit pour cette pêche, les endroits profonds et caillouteux, où l'eau coule avec rapidité. On plombe la ligne de manière que l'appât descende précipitamment au fond.

Lorsqu'un barbeau prend l'appât, il fait plonger lentement la flotte de la ligne et, aussitôt qu'il se sent piqué par l'hameçon il fuit sous une pierre ou dans les excavations qui existent au fond de l'eau ; quelquefois il plonge la tête en bas ; il tient tellement au fond qu'on le juge toujours plus gros qu'il n'est.

Il faut le laisser se débattre et s'épuiser pour s'en rendre maître, autrement il briserait la ligne en peu de temps.

On attire les barbeaux en jetant au fond de l'eau des pelotes de terre garnies de vers blancs, ou du blé cuit.

Dans les premiers et les derniers mois de la saison de la pêche, c'est-à-dire au printemps et à l'automne, on prend les barbeaux avec des vers rouges ; on emploie les autres appâts pendant l'été.

Pêche du barbeau avec pelotes. — Il existe une autre manière de se servir de la ligne aux coups pour prendre des barbeaux ; elle consiste à faire une pelote de terre de la grosseur d'une noix qu'on garnit de vers blancs ; on place le plomb de la ligne au milieu de cette pelote, et l'on pique l'hameçon dessus d'une manière apparente après y avoir accroché plusieurs vers. On nomme cette amorce une becquée. On descend la pelote dans l'eau, et l'on raidit la bannière de la ligne jusqu'à ce qu'un barbeau se soit emparé de cette becquée.

A mesure que la pelote se délaye, les vers s'échappent et font monter les barbeaux sur le coup ; d'un autre côté, dès que ceux-ci aperçoivent la pelote, ils frappent dessus pour en arracher et avaler les vers. Chaque coup qu'ils donnent se reproduit dans la main du pêcheur ; et au moment où la becquée est prise, il éprouve une secousse violente suivie d'un tremblement qui indique qu'il est temps de piquer. Lorsque la flotte de la ligne remonte sur l'eau, c'est que la pelote est fondue et il faut la renouveler ; mais avant de sortir la ligne de l'eau, on la laisse descendre le courant, parce que l'appât a encore chance d'être rencontré et pris par un poisson nageant près de là.

Pêche à soutenir. — On pêche à soutenir avec des vers blancs, du fromage de gruyère, du bœuf cuit ou des vers rouges.

Cette pêche a lieu pendant les mois de juin, juillet, août et septembre, le soir, le matin, et pendant la nuit. On se place sur une berge escarpée ou sur un bateau, et de préférence près des moulins ou des chutes d'eau.

On pêche avec des vers blancs de la même manière que celle qui précède, c'est-à-dire comme pour pêcher dans les pelotes ; on met le plomb de la ligne dans une boule de terre ; on descend la ligne au fond ; on la raidit et l'on attend qu'un barbeau attaque l'appât. La ligne est ordinairement attachée, soit à un scion qu'on nomme scion à soutenir, soit après une canne à pêche.

La pelote de terre devient inutile quand on pêche avec le fromage, le bœuf cuit, ou des vers de terre. On garnit seulement l'hameçon d'un de ces appâts; et lorsque le poisson l'avale, le pêcheur s'en aperçoit aussitôt par le tremblement qu'il éprouve dans la main.

Pêche à rouler. — On pêche aussi le barbeau avec une ligne dite à rouler; cette pêche ressemble à la pêche à fouetter, que nous avons décrite au mot ablette, avec la différence que la ligne est plus forte et plus garnie de plomb, parce qu'elle doit servir dans une eau plus rapide, et qu'il faut qu'elle agisse toujours au fond.

Pour pêcher à rouler, on choisit un fond caillouteux, et sans herbages. On jette la ligne devant soi, on la laisse descendre le courant, et on la ramène chaque fois qu'elle est entraînée, pour saisir les poissons qui sautent sur les appâts.

On emploie pour la pêche à rouler des vers blancs ou du blé; on amorce souvent et en petite quantité à la fois; on éparpille ces appâts le plus possible.

Pêche au grelot. — La pêche au grelot tire son nom du grelot qui avertit le pêcheur qu'un poisson est pris.

On se sert, pour cette pêche, d'une très-longue ligne qu'on jette au large des rivières et qu'on attache à un scion piqué au bord de l'eau. Ce scion se nomme scion à grelot.

On accroche à l'hameçon de la ligne un morceau de

fromage de gruyère ou de bœuf cuit de la grosseur d'une noisette. Les larves des vers à soie sont un très-bon appât pour ce genre de pêche. On se sert encore d'une pelote de terre garnie de vers blancs comme pour la pêche à soutenir.

On tend ordinairement plusieurs de ces lignes à la fois. Le barbeau, après avoir pris l'appât, fuit et fait tinter le grelot.

Le moyen de lancer la ligne dans l'eau est facile. On l'attache d'abord solidement au scion, et on la pose en rond sur la terre ; on fait tourner la partie où est le plomb avec la main droite, et on le jette au loin devant soi. On laisse descendre ce plomb au fond, on raidit doucement la ligne, et on l'enroule légèrement à l'extrémité de la baleine du scion.

Pêche à la ligne de fond. — On se sert pour cette pêche de jeux ou de cordeaux garnis de plusieurs hameçons auxquels sont accrochés de petits goujons, des lamprions, du fromage, du bœuf ou des vers de terre.

On place cette ligne, le soir, au fond de l'eau, et on la relève le lendemain matin.

Barbote. — La barbote a beaucoup de ressemblance avec la lote ; elle a cependant la bouche plus pointue, la queue plus effilée et le ventre plus large. Le corps est de la même couleur ; il est également couvert d'une matière gluante.

Ce poisson se tient dans les mêmes endroits que la lote et l'anguille ; ses habitudes sont analogues ; il se nourrit des mêmes aliments.

On prend la barbote la nuit avec des traînées ou cordeaux à anguille.

Blé. — Le blé est un très-bon appât pour pêcher pendant les mois de juin, juillet et août, le barbeau, la brême, la carpe, le gardon, le meunier et la vandaise. Il faut, pour s'en servir, le faire cuire et le préparer.

Préparation du blé. — Pour avoir du blé propre à la pêche, on le fait cuire et on le prépare de la manière suivante :

On prend un litre de beau blé et on le met tremper pendant 24 heures dans une hauteur d'eau d'environ 5 à 6 centimètres. A l'expiration de ce délai, on réunit au blé un quart de litre de chenevis et autant d'orge et d'avoine ; on ajoute environ 60 grammes de miel blanc, un peu de sauge ou de sariette et un morceau de lard rance. On remue le tout ensemble, on met le vase sur le feu et on le laisse jusqu'à ce que l'eau ait jeté plusieurs ébullitions qu'on arrête chaque fois avec un peu d'eau froide. On retire le vase du feu et l'on couvre le blé avec un linge épais et trempé d'eau très-froide, de manière que la vapeur ne puisse pas s'échapper et soit concentrée sur elle-même. On couvre ensuite le vase de son couvercle, et on le laisse en cet état pendant 8 à 10 heures. Au bout de ce temps, le blé est bon à employer. On y ajoutera quelques gouttes de pisci-gluten.

On met un seul grain de blé à l'hameçon.

Bœuf. — Le bœuf cuit sert à pêcher les barbeaux.

On le coupe par morceaux de la grosseur d'une noisette. On l'emploie pour garnir les lignes de fond.

Boîte à vers. — Ces boîtes sont en fer-blanc ou
en zinc. Le couvercle est bombé et percé de petits
trous pour que l'air puisse y pénétrer. On en fait de
plusieurs grandeurs ; les unes ont une forme ronde, les
autres ont une forme ovale ; cette dernière forme est
la plus commode en ce qu'elle est plus grande et que
le couvercle tient à la boîte au moyen d'une charnière.
On fait aussi des boîtes à vers ayant la forme d'une
hotte ; le couvercle est à charnière, il s'ouvre sur le
dessus de la boîte, et laisse passage aux vers qui tom-
bent dans un emplacement où le pêcheur les prend facilement. Il existe de chaque côté de ces boîtes deux
petites douilles soudées dans lesquelles on passe un
cordon pour les suspendre en bandoulière. Ce modèle
de boîte est plus portatif et moins embarrassant que
celui mentionné ci-dessus.

Boîte au vif. — La boîte au vif est destinée à con-
tenir et à conserver des poissons vivants pour pêcher
au vif. Elle est faite en zinc et sa forme est ovale ou
carrée ; elle est plus large en bas qu'en haut.
Les boîtes ovales ont une anse en fer avec une poignée en bois mobile ; les boîtes carrées ont une anse
de fer-blanc à bords relevés.
Les couvercles de ces boîtes sont à gorge et fixés à
la boîte par une charnière. On les ferme au moyen
d'un tenon en fer soudé dans lequel on passe une che-

ville en bois ou un cadenas; ils sont percés de trous un peu grands, pour que l'air circule dans l'intérieur de la boîte et que les poissons y puissent vivre. Ces couvercles sont garnis d'un rebord qui rejette l'eau sur elle-même dès qu'elle s'échappe par les trous de la boîte. Les boîtes de forme carrée sont pourvues à l'intérieur d'un autre rebord saillant pour empêcher l'eau de sortir et de clapoter lorsqu'on les transporte, clapotement qu'on peut éviter dans toute espèce de boîte en introduisant à l'intérieur un morceau de liége.

Les boîtes au vif doivent séjourner dans l'eau pendant tout le temps de la pêche; on ne les sort que pour renouveler l'appât des lignes, autrement les poissons qu'elles renferment périraient par suite de l'échauffement de l'eau. Il faut même éviter d'y prendre les poissons avec la main; on se sert ordinairement d'une petite épuisette pour les en retirer.

Il importe que les boîtes au vif soient peintes pour être à l'abri de la rouille.

Boîte pour le poisson mort. — La boîte pour renfermer le poisson mort s'emploie pour la pêche à traîner; elle est en fer-blanc, sa forme est carrée, le couvercle est à charnières; il n'est pas percé de trous.

On conserve les poissons dans cette boîte en les mettant en sens inverse sur des lits de son pour qu'ils ne s'écaillent pas.

Bouroche. — Espèce de filet. — V. *Filet à poisson.*

Bouvière. — La bouvière a le corps plat et semblable à celui de la brème ; sa couleur est bleuâtre et les nageoires sont rougeâtres vers les extrémités.

Ce poisson parvient au plus à la longueur de quatre centimètres ; il a des œufs dès sa naissance. Sa chair est amère et peu recherchée. On le connaissait en Grèce sous le nom de Phoxinus. On le nomme en France rose ou péteuse.

On ne prend pas la bouvière à la ligne ; on s'en sert pour pêcher au vif. On l'accroche à l'hameçon par le milieu du dos. — V. *Amorce vive*.

Boyau de ver à soie. — On a donné à ce boyau les noms de crin de Naples, poil de Florence, mort à pêche, racine, crin marin, crin du Levant, poil de Messine et Patrones. Cependant il provient véritablement des boyaux des vers à soie.

On le fabrique en Espagne, en Italie et dans le Levant ; on en fait en France, mais en petite quantité.

Le boyau de ver à soie venant d'Espagne et d'Italie est blanc et court, celui du Levant est jaune et long ; on le passe à la chaux pour le rendre plus blanc, aussi est-il plus cassant.

Le boyau blanc est plus recherché en ce qu'il a plus de consistance et qu'il est plus transparent dans l'eau. On en trouve d'une force si extraordinaire qu'on peut enlever un poids de 8 à 10 kilogrammes avec un seul boyau.

Pour fabriquer ce boyau, on choisit le moment où le ver cesse de manger ; on met ce ver infuser pendant 24 heures dans de fort vinaigre ou de forte eau-de-vie ;

on le retire, on lui fend le ventre, et on en extrait deux petits boyaux soyeux entrelacés, qui ne sont autre chose que les réservoirs contenant la matière de la soie. On allonge ces boyaux, et on les pique par chaque bout sur une planche. On les essuie avec un linge très-fin pour enlever la liqueur visqueuse qui les couvre, et on les laisse sécher.

On reconnait la qualité d'un boyau de ver à soie, à sa rondeur, à son égalité, à sa transparence et à sa blancheur; les parties frisées ne valent rien.

Avant de se servir de ces boyaux, on les lisse avec un morceau de caoutchouc. On les noue au bout les uns des autres, par le moyen du nœud de pêcheur, après les avoir mis dans l'eau pendant quelques heures pour les amollir.

Brême (*Cyprinus Latus*). — La brême, que les Italiens nomment *Scardola* et *Scarda*, a la tête tronquée, la bouche petite et la mâchoire supérieure plus saillante que la mâchoire inférieure. Son corps est plat; le dos est tranchant et garni de petits points noirs; les côtés sont un mélange de jaune, de blanc et de noir. Les nageoires sont violettes, à l'exception des nageoires dorsales et de la queue dont la couleur est bleu foncé.

La brême parvient au poids de 6 à 7 kilogrammes. On assure en avoir pris qui pesaient jusqu'à 10 kilogrammes. Le mâle possède une double laite, et la femelle deux grandes bourses contenant une si grande quantité d'œufs qu'on dit en avoir compté jusqu'à 130.000.

On trouve ce poisson dans les grands lacs, dans les rivières d'un cours tranquille, et quelquefois dans les étangs et les canaux en communication avec les fleuves.

La brême se tient dans les fonds glaiseux; on la pêche au printemps près des joncs ou d'autres plantes aromatiques. En automne, on la prend dans les remous près des arches des ponts.

Lorsque la brême n'a pas atteint le poids de 250 grammes, on lui donne le nom de *henriot*.

Ces poissons aiment les vers blancs, les vers rouges, les vers à queue, les larves de guêpe, les mouches vertes et les sauterelles; on les prend aussi avec une pâte rouge composée de miel et de pain bis.

Pêche de la brême pendant l'été. — On choisit pour cette pêche un fond d'eau de 3 à 4 mètres et un courant doux et régulier. On amorce le coup avec des pelottes de terre garnies de vers blancs, et l'on pêche avec une forte ligne armée de deux hameçons.

En automne, on se sert d'une longe ligne armée de plusieurs hameçons que l'on amorce avec des vers de terre. Il faut que ces vers touchent le fond de l'eau; on soulève de temps en temps la flotte de la ligne pour changer les appâts de place, et éviter qu'ils ne rampent sous les pierres et ne se dérobent ainsi à la vue des poissons.

En pêchant de cette manière, on prend aussi des perches et des barbeaux.

Brochet (*Essox*). — Le brochet est connu sous différents noms : on le nomme béquet ou becquet à cause de sa mâchoire en forme de bec ; Esoce ; Ausone ; Lucius. En Angleterre, on l'appelle Pils, lorsqu'il est petit, et Lutz quand il est grand. En France, on lui donne les noms de brochet, brocheton, lanceron, lucz, arlequin et poignard, selon sa grosseur et sa grandeur.

Ce poisson a la partie antérieure de la tête aplatie ; elle est comprimée des deux côtés. L'ouverture de la bouche est très-large ; elle s'étend presque jusqu'aux yeux. La mâchoire inférieure avance sur la mâchoire supérieure ; elles sont toutes deux garnies de plusieurs rangées de dents pointues plus longues les unes que les autres ; ces dents sont, dit-on, au nombre de 700.

Les yeux du brochet ont une prunelle bleuâtre entourée d'un iris jaune d'or. La tête et le corps de ce poisson sont marbrés ; le dos est noir et le ventre blanc et parsemé de points noirs ; les côtés sont gris et marqués de petites taches jaunes. Les nageoires sont rougeâtres, quelques unes sont garnies de taches noires.

Le brochet nage avec rapidité ; il croît plus vite que les autres poissons ; la première année il atteint près de 25 à 30 centimètres de longueur ; la deuxième année, 35 à 40 centimètres ; la troisième, 50 à 60 centimètres. Son corps prend ensuite plus de circonférence. Le plus grand brochet qu'on dit avoir été pris en Angleterre, dans un étang qui n'avait pas été péché de mémoire d'homme, était du poids de 85 kilogrammes. On prétend que ces poissons ont la vie très-longue ; on cite pour exemple un brochet pris en Souabe vers l'an

1523, qui avait le museau traversé par un anneau portant l'inscription suivante :

« L'empereur Frédéric m'a jeté de ses propres mains » dans cet étang le 5 du mois d'octobre 1262. »

Le brochet est piscivore ; il se cache dans les herbes pour se jeter sur les petits poissons qui s'en approchent ; il n'épargne même pas son espèce. Il s'empare non-seulement des plus petits que lui, mais encore de ceux dont la grosseur est presque égale à la sienne ; il se jette également sur les oiseaux d'eau, les rats, les grenouilles et les couleuvres qu'il peut surprendre. On a vu un brochet saisir la tête d'un cygne au moment où celui-ci la plongeait dans l'eau. Gessner rapporte qu'un brochet, qui se tenait dans le Rhône, prit si fortement les lèvres d'un mulet qui venait s'y abreuver, que le mulet, en se sauvant, tira le brochet hors de l'eau. On raconte aussi qu'en 1765 on pêcha dans l'Ouse, rivière d'Angleterre, un brochet pesant 14 kilogrammes, dans le corps duquel on trouva une montre et deux cachets qui furent reconnus avoir appartenu à un domestique qui s'était noyé quelques jours auparavant dans cette rivière.

Pêche du brochet avec la ligne ordinaire, la ligne à traîner, la ligne de fond, les liéges flottants, les vessies, le collet et le harpon. — Le brochet est un des poissons qu'on prend pendant toute l'année ; les meilleurs mois sont cependant les mois d'automne et d'hiver, parce qu'il trouve une nourriture moins abondante à cette époque. Pendant l'été, on le pêche de très-grand ma-

tin ; dans les autres saisons on le pêche toute la journée, lorsque le temps le permet. Un temps calme et
doux n'est pas favorable pour cette pêche, le brochet
aime l'eau agitée par le vent; quand il fait chaud, il se
tient dans les herbes ou dort à la surface.

Pêche avec la ligne ordinaire. — On prend rarement
les brochets près des bords; ils se tiennent presque
toujours au large des rivières ou des étangs. Les pêcheurs habitués à ce genre de pêche ne se servent pas
de canne, ils emploient une ligne de 30 à 40 mètres de
longueur qu'ils déploient sur le bord de l'eau et qu'ils
jettent au loin avec la main, en laissant sur la terre
une partie de la bannière pour allonger la ligne lorsque le vent l'entraîne, et donner aux brochets le moyen
de fuir avec leur proie aussitôt qu'ils se sentent piqués
par l'hameçon.

D'autres attachent la ligne à l'arrière d'un bateau,
et ils rament doucement en entraînant le bouchon de
de la ligne jusqu'à ce que l'appât soit pris par un brochet; ce genre de pêche a lieu dans les endroits où il
n'existe pas de courant.

Lorsqu'on n'a pas l'habitude de cette pêche, on prend
une ligne moins longue et on l'attache au bout d'une
canne à moulinet. On allonge ou on raccourcit cette
ligne, selon les besoins, au moyen de la manivelle du
moulinet.

On amorce l'hameçon des lignes à brochet avec un
poisson vivant; on se sert pour cet usage d'un goujon,
d'un gardon, d'une petite tanche, d'un barbillon ou de

tout autre poisson dont la grosseur est proportionnée à celle des brochets qui habitent l'endroit où l'on pêche.

On accroche ces poissons à l'hameçon, soit par les narines, soit par le dos, selon leur espèce et leur grosseur ; ils doivent être placés de manière à demeurer entre deux eaux, car les brochets nagent presque toujours à cette distance.

Quand un brochet attaque l'appât, il arrive quelquefois, si cet appât est gros, que le bouchon de la ligne plonge tout à coup et revient à la surface : ce coup indique que l'appât vient d'être étouffé et que le brochet va le reprendre : le bouchon disparaît, en effet, un moment après. On laisse alors filer la ligne pour que le brochet ait le temps d'avaler l'appât, et on le pique par un coup sec. Lorsque l'appât est petit, le brochet l'avale tout d'un coup, il fuit plus vite, on le pique plus tôt.

Lorsqu'un brochet est piqué, il fuit avec une grande vitesse ; on allonge la ligne au fur et à mesure qu'il s'éloigne ; on le ramène ensuite, puis on cède à ses mouvements jusqu'à ce qu'il ait épuisé ses forces ; il se laisse alors amener facilement, mais, dès qu'il arrive à la surface, il cherche encore à s'échapper, il se replie sur lui-même et saute quelquefois hors de l'eau pour s'y laisser retomber et fuir de nouveau. Il faut prévenir ce saut en allongeant la ligne pour éviter qu'elle ne soit brisée. On retire le brochet de l'eau au moyen d'une épuisette large et profonde qu'on passe sous son ventre sans le toucher, et on l'enveloppe avec le filet pour éviter de nouveau sauts.

Il est dangereux de décrocher l'hameçon avec la

main lorsqu'il est engagé dans le gosier d'un brochet; ses dents aiguës entrent dans la chair et causent une douleur des plus vives. Pour prévenir ce danger, on retire l'hameçon avec un dégorgeoir, ou l'on introduit dans la bouche du brochet une pierre ou un morceau de bois qui l'empêche de se fermer.

Pêche à traîner. — La pêche à traîner se fait également avec une canne à moulinet; mais elle a lieu dans les endroits où il n'existe pas d'herbes au fond de l'eau. On accroche à l'hameçon un poisson mort en lui traversant les narines.

On jette ce poisson au large, on le laisse descendre au fond de l'eau et on le tire par saccade vers le bord, de manière à faire croire aux brochets qu'il est vivant et qu'il nage difficilement. On le rejette ensuite jusqu'à ce qu'on sente dans la main qu'il est attaqué; on cesse alors de tirer à soi, et l'on attend que le brochet entraîne la ligne pour le piquer.

Cette pêche exige que le pêcheur change constamment de place.

Pêche à la ligne de fond. — On pêche le brochet pendant la nuit au moyen de longs cordeaux, garnis de plusieurs poissons, et qu'on nomme lignes de fond. On pose ces lignes à la nuit tombante, et on les retire de grand matin.

On amorce les hameçons avec une aiguille dite aiguille à amorcer. A défaut de cette aiguille on emploie une petite branche d'arbre bien unie et un peu plus longue que le poisson d'appât; on enlève l'écorce qui la couvre, et on la fend à l'une des extrémités.

La manière de se servir de l'aiguille à amorcer est fort simple. Si elle est en fer, on passe la ficelle qui est attachée à la monture de l'hameçon dans l'anneau de l'aiguille, et on la fait couler de la gorge à l'anus du poisson; lorsqu'elle est en bois, on la trempe dans l'eau pour l'amollir, on pose la ficelle sur la partie fourchue, et l'on passe l'aiguille en bois à travers les intestins du poisson jusqu'à l'anus. On retire ensuite l'aiguille par le côté où elle est entrée, on fait couler la monture de l'hameçon à sa place jusqu'à ce que les branches de cet hameçon se trouvent en travers des lèvres du poisson. On attache l'hameçon à la ligne et l'on met le poisson dans l'eau. Cette opération doit se faire vivement pour que le poisson conserve vie.

Les lignes de fond doivent être maintenues au fond de l'eau par des pierres de forme longue placées entre chaque hameçon; les hameçons de ces lignes sont ordinairement espacés d'environ deux mètres les uns des autres.

Il existe une autre manière de tendre les lignes à brochet dans les endroits clos et fermés : c'est de placer à chaque bout de la ligne, ainsi que dans sa longueur, plusieurs morceaux de liége pour qu'elle reste sur la surface de l'eau. On place les appâts de manière qu'ils demeurent entre deux eaux.

Voici encore un moyen de tendre des lignes à brochet et de les dérober à la vue; ce moyen est employé par les braconniers :

On prend cinq à six mètres de fouet de lin ; on y attache un hameçon, et l'on place au-dessus une balle de plomb percée. On coupe ensuite une branche d'arbre garnie de ses feuillages, et l'on fait une encoche à son extrémité. On place la ligne au bord de l'eau, et on l'arrête par un piquet en bois. On passe la partie de cette ligne, au bout de laquelle est attaché l'hameçon, dans l'encoche de la branche d'arbre, de manière que le poisson d'appât soit entre deux eaux ; on couche cette branche sur la surface de l'eau et on la pique dans la berge de la rivière. Lorsqu'un brochet s'empare de l'appât, il décroche la ligne de la branche d'arbre, et fuit jusqu'à ce qu'il soit arrêté dans sa course par la ligne qui se tend et l'empêche d'aller plus loin.

Pêche avec des liéges flottants ou des vessies.— Cette pêche a lieu dans les endroits clos et au moyen d'une embarcation. On amorce l'hameçon avec un poisson vivant, on place le liége ou la vessie sur l'eau, et on les abandonne au gré du vent.

On tend ordinairement plusieurs lignes à la fois en les espaçant les unes des autres.

Il est facile de distinguer lorsqu'un brochet est pris par les évolutions que fait le liége ou la vessie.

Pêche avec le collet. — On pêche au collet pendant l'été, lorsque le temps est calme, et au milieu du jour.

C'est au moment où les brochets dorment presque à la surface de l'eau, qu'on fait usage du collet.

Ce collet est en fil de cuivre, il forme un anneau à

coulisse, on l'attache au bout d'un long bâton. Le pêcheur qui aperçoit un brochet lui passe adroitement le collet par la tête jusqu'à ce qu'il soit arrivé au-dessus des ouïes ; il tire vivement à lui, le collet se ferme, et il jette le brochet sur la terre ; il faut pour exécuter cette pêche une main exercée ; le moinde attouchement fait fuir le brochet.

Pêche avec le harpon. — Le harpon est composé de deux hameçons à double branche attachés l'un à l'autre et garnis de plomb.

Lorsque le brochet dort, on descend doucement le harpon près de lui, et l'on tire de côté pour l'enferrer.

Canne à pêche (*Canna* ou *Kanch*). — Il existe plusieurs modèles de cannes à pêche : les unes sont faites d'un seul morceau ; les autres sont en plusieurs morceaux qui s'emmanchent les uns au bout des autres. Il se fait aussi des cannes dont les morceaux entrent les uns dans les autres et qui ont la forme d'une canne de promenade.

Les bois qu'on emploie pour la fabrication des cannes à pêche, sont des bois de roseau, de sureau, de noisetier, de frêne, de bambou et de noyer blanc d'Amérique.

Des cannes d'un seul morceau. — Ces cannes sont faites d'un seul bout de roseau ou de sureau sur lequel on emmanche un scion en bois.

On prend pour cet usage du roseau dit de Fréjus,

comme étant de meilleure qualité que le roseau d'Espagne. On dresse ce bois au moyen de la vapeur du charbon et d'un linge imbibé d'huile avec lequel on frotte le roseau à mesure qu'on dresse chaque entre-nœuds.

Lorsque la canne est dressée, on la rogne à son extrémité; on la garnit d'une virole de cuivre et on y ajoute un scion en orme, en troène ou en bois d'épine noire.

Des cannes en paquet. — Les cannes en plusieurs morceaux s'emmanchant au bout les uns des autres, se nomment *cannes en paquet.* Ces cannes sont faites en roseau, en frêne, en noyer ou en bambou; elles se composent de 2, 3, 4 ou 5 morceaux, y compris, le scion. Chaque morceau diffère de grosseur; il est proportionné de manière à donner à la canne plus ou moins de flexibilité. Il est en outre recouvert, à l'extrémité supérieure, d'une virole de cuivre pour recevoir le morceau qui doit s'y emmancher. Ce modèle de canne est quelquefois goujonné, c'est-à-dire que chaque morceau est garni d'un goujon en bois, qui s'embranche dans le morceau inférieur.

On emploie les cannes en paquet, faites en roseau pour la pêche aux coups et à la ligne dormante; le roseau est préféré à tout autre bois, comme étant plus léger.

Le roseau, comme tous les autres bois, a l'inconvénient, lorsqu'il est mouillé, de se gonfler à l'endroit des viroles. On ne peut parvenir à démancher les bouts embranchés les uns sur les autres, qu'en présentant et en chauffant chaque jointure au-dessus d'une lumière ou d'un réchaud de charbon, jusqu'à ce que l'humidité soit évaporée.

Les cannes en paquets faites en bois de noyer d'Amérique ou de frêne, servent pour pêcher la truite ou le saumon; ces cannes ont besoin de beaucoup de souplesse et de solidité, on les nomme cannes à mouche ou cannes anglaises. Leur longueur est ordinairement de 3 ou 4 mètres; elles se divisent en 4 ou 5 parties; chaque partie est appelée corps de rallonge.

Le pied de ces cannes est d'un diamètre d'environ 4 centimètres; chaque corps de rallonge diminue sensiblement; ce modèle de canne est terminé par un scion fait de plusieurs morceaux de bambou.

Le principal corps des cannes anglaises, c'est-à-dire le corps le plus gros, est garni à la partie inférieure de deux viroles dont l'une est fixe et l'autre mobile; ces viroles sont destinées à recevoir un moulinet en cuivre. Ces cannes portent, de distance en distance, dans toute leur longueur, de petits anneaux également en cuivre dans lesquels glisse la bannière de la ligne; chacune des rallonges de la canne a un goujon en bois pour les emmancher les unes sur les autres; elles sont revêtues à leurs extrémités de viroles en cuivre.

Les cannes anglaises ont plusieurs scions de rechange qui contribuent à les rendre plus ou moins flexibles, et qui permettent de les employer à plusieurs modes de pêche.

Le pied de ces cannes est garni d'une lance en fer qui sert à les piquer en terre.

Des cannes ayant la forme de cannes de promenade. — Ces cannes se font de trois modèles : les cannes dites à tirage ou à coulisse ; les cannes à pomme et bout à vis ; les cannes avec des garnitures en cuivre vissées.

Les cannes à tirage se démontent et s'allongent par la partie où est placé le bout en cuivre après qu'on l'a dévissé ; chaque bout est retenu, à l'intérieur, par un tenon en bois qui l'empêche de se séparer du corps inférieur. Ce modèle de canne paraît plus commode et plus solide que les autres en ce que les morceaux de rallonge ne peuvent se détacher et qu'ils permettent, en leur donnant plus ou moins de longueur, de pêcher dans les endroits d'un abord difficile. Nous ferons observer qu'à côté de ces qualités, le bois de ces cannes a, comme tous les bois, l'inconvénient de renfler, lorsqu'il est atteint par l'humidité, d'où il résulte que, par un temps de pluie, il n'est plus possible de faire rentrer les corps de rallonge les uns dans les autres ; elles manquent en outre de proportions convenables ; elles n'ont pas généralement assez de flexibilité ; elles se brisent souvent à l'endroit des viroles. Ce modèle de canne est peu goûté des pêcheurs expérimentés.

Les meilleures cannes sont celles dont la pomme et le bout se dévissent ; les corps intérieurs se retirent par l'orifice de la pomme et s'emmanchent les uns sur les autres par le bout opposé, c'est-à-dire du côté où est placé le bout en cuivre vissé. Ces cannes se composent de 1, 2, 3 et 4 rallonges non compris le corps principal. Ce même modèle se fabrique avec des garnitures en cuivre vissées; leur solidité dépend de la bonne confection des pas de vis et de leur longueur.

Pour attacher la ligne sur la canne à pêche, on place sur le corps de rallonge qui reçoit le scion, un petit crochet en cuivre dans lequel on arrête la boucle de la bannière, et l'on ajoute au bout du scion un petit anneau en cuivre pour y passer la ligne.

A défaut de ces anneaux et crochet, on forme au bout de la bannière un nœud coulant qu'on descend sur le second corps de la canne; on roule la ligne sur celle-ci jusqu'à l'extrémité du scion, et on l'arrête par un autre nœud coulant.

Carpe (*Carpio*). — Ce poisson, que les Vénitiens nomment Raina, et les Romains Bubara, Carpana ou Carpena, a, comme la tanche, la tête grosse et le front large; le front et les joues sont bleus; les lèvres sont grosses, jaunes et garnies de deux barbillons; il existe deux autres barbillons au nez. Les écailles sont grandes et rayées. Le dos est bleu-verdâtre; les côtés sont jaunes et changeants bleu et noir. Les nageoires sont bleues, violettes et d'un brun rougeâtre.

On trouve des carpes dans les lacs, les fleuves et rivières, les étangs et les canaux. La carpe des fleuves et des rivières est la plus estimée pour le goût de sa chair; cette espèce a une couleur plus jaune que la carpe d'étang qui est plus verte et plus noire.

Les carpes parviennent au poids de 10 à 11 kilogrammes. On en trouve en Prusse qui pèsent jusqu'à 20 kilogrammes. On cite comme un fait curieux, arrivé en 1711, la prise d'une carpe dans l'Oder, près de Francfort, qui avait près de 3 mètres de longueur sur un mètre de tour et qui pesait 35 kilogrammes ; ses écailles, dit-on, avaient 3 à 4 centimètres de diamètre. Jovius parle de carpes qui auraient été prises dans le lac de Côme en Italie, qui pesaient 100 kilogrammes chacune. On prétend qu'on en prend de si grosses dans le Dniester, qu'on fait avec leurs os des manches de couteaux.

Les carpes ont la vie très-longue ; on croit que leur existence peut s'étendre jusqu'à 150 et 200 ans. On les dit exposées à des maladies qu'on nomme petite vérole et mousse ; cette dernière maladie en détruit beaucoup, La grenouille est considérée comme l'ennemi mortel de la carpe ; elle s'attache si fortement à la tête de ce poisson qu'elle lui cause la mort.

Les carpes, comme les tanches, auraient aussi une vertu médicale dont l'effet serait d'arrêter les saignements de nez ; l'opération consisterait à mettre dans la bouche du malade une petite pierre qu'on trouve dans le palais de la carpe. Nous ne garantissons pas, bien entendu, ce remède vraiment étrange.

Les carpes se laissent assez facilement apprivoiser. On cite pour exemple des carpes qui habitaient un réservoir au château de Chantilly, et dont le grand âge se reconnaissait à leur couleur d'argent ; elles s'approchaient des bords dès qu'elles voyaient un promeneur. Le même spectacle se contemple tous les jours à Fontainebleau. On parle également d'une carpe qui accourait au coup de sifflet de celui qui la nourrissait ;

d'autres venaient chercher leur manger au bruit d'une clochette.

On assure que certains peuples portaient un tel respect pour les carpes, qu'il y avait peine de mort contre quiconque en détruisait une. Le grand Mogol, avant d'entreprendre une guerre ou tout autre affaire importante, faisait sa prière en posant ses mains sur une carpe. Chez d'autres peuples on consultait les entrailles de ce poisson pour rendre des oracles.

Les carpes frayent pendant les mois de mai et de juin : on a compté jusqu'à 237,000 œufs dans le ventre d'une carpe de 500 grammes. Ce poisson à la vie très-adhérente, on peut le transporter à de grandes distances en l'empaquetant dans de la neige et en lui mettant dans la bouche un morceau de pain trempé dans de l'eau-de-vie.

On engraisse les carpes par le moyen de la castration et en les nourrissant de pain et de laitue.

Les carpes aiment les pois, les pommes de terre, les navets, les fruits pourris, le poisson gâté, la fiente de cheval, de brebis ou de vache, les fèves, le blé, l'orge, l'avoine, le pain ordinaire, le pain d'épice, les vers de terre, les vers d'eau, les escargots et tous les insectes velus et ailés. Elles font du bruit en mangeant.

De la pêche de la carpe dans les fleuves et rivières. — On choisit pour cette pêche les plus grands fonds d'eau comme étant les endroits où les carpes se tiennent de préférence. On amorce le soir et le matin pendant trois ou quatre jours, avec du blé cuit, si l'on est dans l'intention de pêcher avec du blé ou des fèves de marais ; on amorce avec des vers coupés par morceaux, si l'on se dispose à pêcher avec des vers.

Les lignes, car on en tend plusieurs à la fois, doivent être longues et fortes. On met assez de fond pour que l'appât dont est garni l'hameçon repose complétement au fond, et lorsque la ligne est placée, l'on pose la canne à terre de manière à pouvoir la saisir et piquer aussitôt que la flotte disparaît.

Quand il existe un peu de courant, on place la ligne en aval, on laisse descendre l'appât au fond de l'eau, et l'on tend la bannière pour que la flotte ne soit pas entraînée par le courant.

Le meilleur appât pour pêcher la carpe en rivière, est la féverole, et pour amorce le blé cuit mêlé d'orge et d'avoine.

On prend la carpe de très-grand matin pendant tout l'été. Il faut garder, pour cette pêche, un profond silence.

Le moyen, quand une carpe est grosse, de ne pas la manquer, et d'éviter qu'elle ne brise la ligne lorsqu'elle a été piquée, est de se servir d'une canne à moulinet et de dévider la bannière au fur et à mesure que le poisson fuit, puis de le ramener doucement jusqu'à ce que ses forces soient épuisées. On peut, à défaut de moulinet, fixer au pied de la canne une pelote de ficelle assez longue ; on laisse alors la carpe entraîner la canne et on la ramène par le moyen de la ficelle. Le poids de la canne gêne le poisson dans sa fuite, il épuise ses forces plus vite, et il devient plus facile de s'en rendre maître. Quand on a un bateau à sa disposition, on suit la canne jusqu'à ce qu'elle s'arrête, et on retire la carpe de l'eau avec une épuisette.

Pêche de la carpe dans les étangs canaux, etc. — Les carpes qui vivent dans les étangs et canaux, et en général dans toutes les eaux stagnantes, ont moins de vigueur que les carpes des fleuves et des rivières, elles sont aussi plus faciles à pêcher en ce qu'elles sont plus nombreuses et plus affamées. On se sert pour appât de vers de terre, de pain ordinaire, de pain d'épice, de vers d'eau ou d'une pâte composée pour cet usage, savoir : de la mie de pain émiettée, pétrie avec du lait dans lequel on a fait fondre du fromage de gruyère frais.

On pêche la carpe pendant tout l'été, le matin et le soir ou lorsque le temps est à l'orage. On se sert d'une longue ligne garnie de conducteurs. On place cette ligne de telle sorte que l'appât repose dans l'eau à deux ou trois mètres des bords. La carpe ne s'approche pas de l'appât si quelque objet lui porte ombrage ; il faut par conséquent se tenir un peu éloigné de la ligne. On amorce pendant plusieurs jours avec des vers de terre, de la fiente d'animaux, des escargots dépouillés de leur coquille, ou des grenailles de diverses espèces.

Lorsque la carpe aspire un ver de terre, elle fait sautiller la flotte de la ligne pendant quelques instants, et elle la fait enfoncer en se rapprochant des bords de l'eau. Ce n'est que quand elle se sent piquée par l'hameçon qu'elle fuit rapidement au large ; elle donne trois ou quatre fortes secousses, et elle se laisse amener ensuite.

Pour les autres appâts, la carpe les saisit plus promptement.

De la pêche de la carpe avec des liéges flottants ou des vessies.

Nous avons déjà parlé de ce mode de pêche pour les brochets.

On emploie également des liéges flottants ou des vessies pour pêcher la carpe dans les étangs.

On amorce les hameçons des lignes avec des vers de terre, et l'on place les liéges ou vessies au milieu ou près des bords de l'étang, pour les retirer dès qu'on s'aperçoit qu'une carpe est prise.

On rapporte qu'en 1548 on prit, dans un étang situé près de la ville de Lyon, avec un liége flottant, une carpe d'une forme très-extraordinaire ; elle avait le corps d'une carpe et la tête d'un dauphin. Elle fut montrée dans la ville comme une curiosité ; elle pesait environ 8 kilogrammes.

Cerise. — La cerise dite de Montmorency sert à pêcher le meunier pendant le mois de juin ; on arrache la queue pour la piquer à l'hameçon. Cette cerise est préférable à tout autre espèce.

Chabot, Cabot, Caborgne. — Petit poisson qui

a la tête plus grosse que le corps et qui se prend rarement à la ligne. On n'en fait pas une pêche particulière.

Chenefer ou **Porte-bois.** — V. *Ver d'eau.*

Chèvre, Chevenne ou **Cheverne.** — V. *Meunier.*

Cloporte. — Le cloporte ou louchepois est couvert d'une cuirasse écailleuse d'un gris noir; son ventre est blanc et garni d'un grand nombre de pattes. On le trouve dans les endroits humides, sous les grosses pierres ou au pied des vieux arbres.

On emploie cet insecte pour pêcher le gardon pendant l'été.

Conducteur. — On appelle ainsi de petits morceaux de liége ayant la forme d'une olive ou d'une petite boule. Ces liéges sont percés au milieu; on les enfile sur la bannière des lignes dormantes pour empêcher cette bannière de couler au fond de l'eau. On les noircit en les flambant au-dessus d'une bougie, et on les roule ensuite dans un linge imbibé d'huile, pour leur donner du poli et enlever les parties brûlées.

La grosseur des conducteurs est celle d'une petite noisette. On les place au-dessus de la flotte de la ligne. Leur nombre est proportionné à la longueur de celle-ci. Les conducteurs sont espacés ordinairement d'environ 1 mètre les uns des autres.

Corde à guitare. — On emploie de la corde à guitare pour monter les hameçons à brochet. On fabrique cette corde exprès pour la pêche, parce qu'il faut qu'elle soit plus souple que celle dont on se sert pour les guitares.

La trame de la corde à guitare qu'on emploie pour la pêche est en soie ou en boyau de ver à soie. La longueur de ces cordes est d'environ 66 centimètres; la moitié suffit pour monter un hameçon.

Cordeau de nuit. — On appelle cordeau de nuit une longue ficelle en fouet de lin, garnie d'hameçons de distance en distance, et qu'on place au fond de l'eau au moyen de pierres ou de morceaux de plomb.

Les cordeaux de nuit servent à prendre des anguilles et des barbeaux. — V. *Ligne de fond*.

Cordonnet. — Le cordonnet sert à former le corps principal des lignes, ou à faire des montures pour les hameçons des lignes de fond. Il est en soie blanche, verte ou bleue. Il y en a de plusieurs qualités et de plusieurs grosseurs.

Lorsque le cordonnet est tordu du même côté, il est susceptible de se boucler; mais cet inconvénient disparaît en mouillant et en frottant le cordonnet, et en le laissant sécher et en l'enduisant d'huile de lin ou de cire fondue.

Le meilleur cordonnet pour la pêche est fait à l'émérillon, c'est-à-dire qu'il est tordu à revers; la qualité de la soie en est ordinairement plus forte et plus durable. Ce cordonnet n'a pas l'inconvénient de se boucler, lorsqu'il est fabriqué et préparé avec soin.

Coulant en plume. — Le coulant est un morceau du tuyau d'une plume, coupé en forme d'anneau, et qu'on met aux flottes pour fixer celles-ci sur la bannière des lignes. — V. *Flotte*.

Coup. — On appelle coup l'endroit ou la place dont on a fait choix pour pêcher.

On nomme également coup le sautillement qu'éprouve la flotte d'une ligne lorsqu'un poisson commence à attaquer l'appât qui est au bout.

Il existe aussi un autre coup, qu'on désigne sous le nom de coup de relevage. Il se reconnaît au mouvement de la flotte, qui, au lieu de s'enfoncer lorsque le poisson fuit avec l'appât, se couche à plat sur la surface de l'eau.

Crin. — Le choix du crin est difficile; cependant il importe de s'en procurer de bon, car, lorsque l'eau est claire, le crin est préférable en ce qu'il est moins visible que la soie ou les boyaux de vers à soie.

Le crin pour la pêche doit être blanc et long; il faut aussi qu'il soit bien rond et qu'aucune de ses parties ne soit attaquée ni par une partie matte ni par l'urine des chevaux, ce qui se reconnaît à sa teinte rousse.

On sonde le crin avant de s'en servir, c'est-à-dire qu'on le tire par les deux extrémités pour s'assurer de l'élasticité et de la force de résistance.

Le crin avec lequel on fait les archets de violon est le meilleur.

Tressage ou tordage du crin. — On tresse le crin avec le pouce et l'index de la main droite, en maintenant chaque bout avec les doigts de la main gauche, après avoir noué les bouts ensemble à la partie supérieure. On le tord aussi au moyen d'une mécanique qu'on nomme rouet, laquelle se compose d'une grande roue d'un côté et de plusieurs crochets mouvants de l'autre. On emploie aussi des tuyaux de plume dans lesquels on passe des bouts de crin, et on les tourne les uns sur les autres ; ce dernier moyen sert à faire les corps de ligne dits queues de rat, pour pêcher à la volée.

Pour que le crin conserve plus de force, il faut qu'il soit peu tordu.

On attache les bouts de crin les uns aux autres, au moyen du nœud de pêcheur.

Crin de Naples. — V. *Boyau de ver à soie.*

Crin du Levant. — V. *Boyau de ver à soie.*

Crin marin. — V. *Boyau de ver à soie.*

Crochet. — La forme du crochet est celle d'un plantoir ; il est précédé d'une courbure arrondie d'environ 10 centimètres. Sa longueur totale est de 25 à 30 centimètres. Il est en bois ou en fer.

Le crochet est destiné à former la contre-partie de

la fourchette ; celle-ci reçoit la canne dans son en-
fourchure, et le crochet en retient le pied pour que
la canne ne bascule pas et que le scion ne plonge pas
dans l'eau.

Dégorgeoir. — Le dégorgeoir est en cuivre, en
os, en ivoire, en fer ou en bois. Sa longueur est d'environ 15 centimètres ; il forme la boucle ou est troué
d'un côté ; il est fourchu de l'autre.

On emploie le dégorgeoir pour retirer les hameçons
du gosier des poissons, lorsqu'ils y sont profondément
accrochés et qu'on ne peut les décrocher avec les doigts.

Le moyen de décrocher un hameçon est de tendre
légèrement la monture qui le tient et de placer la
partie fourchue du dégorgeoir sur la courbure de cet
hameçon ; on le pousse et on le fait sortir des chairs
où il est engagé.

Avec cet instrument on évite de briser la ligne ou
de remplacer l'hameçon.

Écrevisse de rivière — L'écrevisse a le museau
allongé, le thorax et le dos unis ; les pinces sont grandes
et parsemées de tubercules ; la queue se compose de
cinq articulations ; la nageoire qui en forme l'extrémité est arrondie.

On prétend que les écrevisses, lors de leur mue,
jettent leur estomac et leurs intestins en même temps
que leur test, et que ces parties leur servent de nourriture. Quand elles perdent une de leurs pinces, une
membrane épaisse et rouge ferme d'abord l'ouverture

de la plaie, puis cette membrane se développe et forme une nouvelle pince.

Les écrevisses de rivière se nourrissent de chair et de grenouilles mortes; elles s'assemblent autour des corps des animaux jetés dans l'eau et ne les quittent qu'après les avoir entièrement dévorés.

On les prend, soit au moyen de péchettes ou balances en filet, soit au moyen de fagots de bois d'épine, dans lesquels on introduit des entrailles d'animaux, du foie de mouton ou de veau, qu'on a soin de saupoudrer avec de l'assa-fœtida.

La pêche des écrevisses a lieu le soir et pendant la nuit.

Émérillon. — L'émérillon est un petit crochet en acier bleui que l'on met aux lignes pour pêcher le brochet, la perche et la truite avec des poissons vivants.

L'émérillon se fabrique en Angleterre. Il y en a de deux espèces : les uns sont simples, les autres sont doubles.

Les émérillons simples sont à crochet; au-dessus de ce crochet existe une petite calotte d'acier plate et de forme ovale, sur laquelle est rivé un demi-cercle d'acier arrondi pour attacher l'émérillon à la bannière des lignes; le crochet est mobile et tourne dans tous les sens.

Les émérillons doubles ont la forme d'un baril allongé; ils sont ou à double anneau, ou à anneau d'un côté et à crochet de l'autre. Ces anneau et crochet tournent sur eux-mêmes; il importe qu'ils soient bien rivés.

L'émérillon à double anneau se place au-dessus de l'émérillon à crochet.

Il existe six grandeurs d'émérillon simple, et dix grandeurs d'émérillon double.

Empiler. — Ce mot, en terme de pêche, veut dire monter un hameçon sur du crin, du boyau de ver à soie, du cordonnet, du fouet ou de la corde à guitare.

On empile un hameçon de deux manières : l'une, avec le même bout de crin ou de boyau de ver à soie, sans ajonction de soie poissée ; l'autre, au moyen de soie blanche plate et poissée.

La première manière consiste à replier au tiers ou au quart environ le bout de crin ou de boyau. On le couche ainsi replié sur la tige de l'hameçon, et l'on fait, avec la partie la moins longue, plusieurs involutions sur cette tige, en commençant près de la palette dudit hameçon. Quand on est arrivé aux deux tiers de la tige, on passe dans la boucle la partie restante du crin qui a servi à faire les involutions, et on ferme la boucle en tirant l'autre bout.

La seconde manière ne s'emploie que pour monter un hameçon sur plusieurs crins tressés ensemble sur du boyau, du cordonnet, du fouet ou de la corde à guitare.

On couche, dans ce cas, la monture sur la tige de l'hameçon, et l'on tourne autour de la soie poissée jusqu'à ce que la moitié de cette tige soit couverte ; on relève le bout de la monture dans la partie qui regarde la courbure de l'hameçon, on le couche sur la tige pour qu'il forme une boucle ; on fait quelques involutions de soie dessus, on passe cette soie dans la boucle et on tire le bout replié pour la fermer.

Éperlan. — L'éperlan, qu'on pêche à l'embouchure de la Seine et principalement vers Quillebeuf, et qui exhale une odeur de violette, n'est pas le même que celui qu'on pêche à la ligne aux environs de Paris; celui-ci est l'éperlan bâtard; il a le corps transparent, argenté et mélangé de vert et de jaune parsemé de quelques petites raies brunes.

L'éperlan bâtard est d'une longueur de 6 à 8 centimètres; il fraye au mois d'avril; il se réunit en troupes près des bords de l'eau, dans les endroits profonds et où il existe peu de courant.

On pêche ce poisson avec une ligne en crin légère, toute la journée, pendant l'été. On amorce les hameçons avec des vers blancs. On le pêche aussi avec une pâte composée de chair de crevette cuite, de pain blanc et d'un peu de miel.

Épinoche. — On trouve dans beaucoup de rivières, un petit poisson qu'on nomme épinoche ou savetier, qui détruit le frai des autres poissons, et qu'on prend rarement à la ligne.

L'épinoche a le dos d'un vert olive, garni de trois piquants. La mâchoire inférieure de ce poisson est cramoisi brillant, elle est aussi garnie d'un piquant de chaque côté. Ces piquants préservent l'épinoche de la voracité des autres poissons; elles les dresse au moindre danger, soit pour attaquer, soit pour se défendre. Elle

fraye pendant les mois d'avril et de juin ; elle dépose
ses œufs sur des plantes aquatiques.

On assure que ce poisson est en si grande abondance
dans la Baltique, qu'on s'en sert pour en faire de l'huile
et pour engraisser les canards et les porcs.

Épuisette. — On donne ce nom à un filet qui sert
à enlever les poissons de l'eau lorsque la ligne est trop
faible pour les en retirer. Elle est faite en fil de Bretagne, à petites mailles ; sa longueur ou profondeur est
d'environ 50 à 60 centimètres ; elle a la forme d'un
sac dont le fond est rond. La partie supérieure du filet
est passé dans un cercle en fer de 30 à 35 centimètres de diamètre, qui est emmanché sur un bâton
de 3 à 4 mètres de longueur.

On fait des épuisettes avec un cercle en fer d'une
seule pièce, on en fait aussi dont le cercle est à charnières et se replie en deux et en quatre parties. Les
cercles à charnières se vissent sur une virole en cuivre.
Ce modèle est plus portatif en ce que le cercle peut facilement être détaché du manche.

Épuisette pour le vif. — Cette épuisette est un
diminutif de celle ci-dessus désignée ; le filet est en fil
ou en soie, à très-petites mailles, le cercle est de 8 à
10 centimètres de diamètre, il est monté sur un manche
de 15 à 16 centimètres de longueur.

L'épuisette pour le vif est destinée à prendre, dans
les boîtes au vif, les poissons qu'on y a mis pour amor-

cer les lignes, afin de ne pas échauffer l'eau en y plongeant la main.

Escargot. — Cette espèce de colimaçon qu'on
trouve dans les jardins par les temps humides, est un
bon appât pour prendre des carpes. On le dépouille de
sa coquille et on l'accroche à l'hameçon de la ligne.

Fève ou **Féverolle.** — La petite fève, dite féverole, sert à prendre, pendant l'été, des carpes dans les
rivières. On la fait cuire et on la prépare de la même
manière que le blé ; une seule fève suffit pour amorcer
l'hameçon.

La féverole étant plus dure à cuire que le blé, il
faudra la laisser tremper dans l'eau pendant trois ou
quatre jours pour l'attendrir.

Filets à poisson. — Ce que nous entendons ici
par filets à poisson, ce sont des filets dont se servent
les pêcheurs pour mettre les poissons qu'ils ont pris.

Ces filets se nomment aussi sacs, poches ou bouro-
ches ; ils sont faits en fil ou en ficelle, selon la force et
la grandeur qu'on leur donne. Les filets faits en fil ont
des mailles plus petites, parce qu'ils sont destinés pour
les petits poissons, les autres ont des mailles plus
grandes, on y met les gros poissons.

Il y a des filets dont le fond est carré, d'autres dont
le fond est rond ; le premier modèle est préférable en
ce que les poissons y sont moins entassés. Le dessus ou
la partie supérieure de ces filets se ferme par le moyen

d'une ficelle passée dans les mailles et qui forme coulisse.

Le modèle de filet qu'on nomme bouroche est garni de cercles en bois ; il forme le ventre ; les poissons y nagent facilement lorsqu'on le laisse plonger dans l'eau.

Le fil des filets se pourrit facilement quand on fait de ceux-ci un usage fréquent ; il conserve aussi, faute de soin, l'odeur du poisson. On doit laver ces filets dès qu'on s'en est servi, les tordre fortement et les mettre sécher.

Pour que les filets durent plus longtemps, on les trempe, avant de s'en servir, dans une préparation faite d'écorce de jeune chêne ou de pin coupés en morceaux et bouillis dans l'eau.

Flotte. — On appelle flotte ou correcron, le bouchon ou la plume dont on garnit les lignes, et qui sert à avertir qu'un poisson attaque l'appât, et à indiquer le moment où on doit le piquer.

On fait des flottes en plume et en liége.

On choisit pour les premières des plumes d'oie, de dinde ou de cygne. On se sert du tuyau et d'une partie de la rave ou du dos seulement dépouillé de ses barbes. On en fait aussi avec un tuyau de plume et un bout de bois qu'on ajuste et qu'on effile à la partie inférieure pour y recevoir un petit anneau en cuivre.

Les flottes se placent sur la bannière des lignes par le moyen de coulants ou d'anneaux en plume qui donnent la faculté de fixer la flotte au point de la ligne où elle doit demeurer pour pêcher.

Les flottes ou bouchons en liége sont de différentes formes : les unes sont taillées en poire, les autres en olive plus ou moins allongée ; elles sont percées au milieu et garnies d'une plume par le haut et d'un bois formant pointe par le bas ; un anneau en cuivre est vissé dans ce bois pour y passer la ligne ; la plume est garnie d'un anneau ou coulant qui sert à fixer la flotte sur la bannière.

Quelques flottes en liége sont traversées de part en part par une plume avec son tuyau.

On fait des bouchons en liége naturel, c'est-à-dire tournés et râpés seulement, d'autres sont recouverts de peintures pour leur donner plus de solidité et de durée. C'est à tort qu'on prétend que la couleur de la peinture effraye les poissons, elle ne les épouvante nullement.

Les flottes en plume servent pour les petits poissons, et les flottes en liége pour les gros.

Des fabricants d'ustensiles de pêche emploient des bouchons en bois qu'ils recouvent de peinture et qu'ils vendent pour des bouchons en liége ; ces bouchons ne conviennent pas pour la pêche : le bois n'ayant pas la légèreté du liége, coule au fond au lieu de rester à la surface de l'eau.

Foëne. — La foëne est un instrument en fer et en acier qui sert à prendre les anguilles lorsqu'elles rampent dans la vase. Elle a la forme d'un trident ou d'une fourche ; on en fait qui ont deux, trois, quatre et cinq dents; chacune de ces dents est terminée par un dard effilé.

Pour faire usage de la foëne, on l'emmanche au bout d'un long bâton.

Fouet. — Le fouet qu'on emploie pour la pêche est en chanvre ou en lin; il sert à former le corps principal des lignes de fond. Le fouet fait en lin est préférable, parce qu'il offre plus de solidité.

Le fouet se prépare comme le cordonnet; on le mouille avant de s'en servir; et, pour lui donner plus de durée, on le trempe dans une décoction d'écorce de chêne.

Fouloir. — Long bâton qui est garni d'un côté d'une rondelle en feutre ou en cuir, et qu'on emploie pour fouler le fond de l'eau et la troubler afin d'amorcer les goujons. — V. *Goujon*.

Fourchette. — On appelle fourchette une branche d'arbre ou une tringle de fer fourchue d'un côté et pointue de l'autre.

Les fourchettes servent à maintenir les cannes au bord de l'eau quand on pêche à la ligne dormante. Leur longueur est ordinairement de 60 à 70 centimètres; elles doivent être assez fortes pour supporter le poids d'une canne à pêche.

Fourmi. — La fourmi sert à pêcher les ablettes à fouetter; on emploie les œufs de ces insectes pour amorcer.

On préfère les fourmis des bois, parce qu'elles sont plus grosses.

Fromage. — Le fromage que les pêcheurs emploient est le fromage de gruyère ; cet appât sert à prendre les barbeaux.

On choisit du fromage frais pour amorcer les hameçons. On le coupe en petits morceaux. On pêche avec le fromage pendant les mois de juin, juillet et août.

Gardon. — Il existe deux espèces de gardon : le gardon rosse (*cyprinus rutilus*), qui habite les rivières, et le gardon rotengle (*cyprinus erythropthalinus*), ou le gardon carpé qui habite les étangs.

Le gardon rosse, appelé *Lascha* en Italie et *Siége* en Languedoc, a le corps couvert d'écailles longues ; son dos est rond et d'un noir verdâtre ; les côtés du corps et le ventre sont blancs. Ce poisson parvient au poids de 500 à 700 grammes ; il aime les eaux claires, les fonds marneux et le bord des rivières, lorsqu'il y existe des herbes ou des racines. Il se nourrit de végétaux et d'insectes. On le pêche avec des vers blancs, des vers de terre, du blé et des vers de manne.

Le gardon rotengle a le corps plus large et plus court que le précédent : ses nageoires sont d'un rouge vermeil ; son dos forme le tranchant et est d'un vert très-foncé. On trouve le gardon rotengle dans les lacs, les étangs, les canaux, et dans tous les endroits où il existe des carpes. Il se tient presque toujours près des herbes. On le pêche avec des vers de terre, du blé, du pain, des vers d'eau, des cloportes et autres insectes. On prétend que cette espèce de gardon provient de la femelle de ce nom et des carpes mâles qui la suivent au moment où elle se débarrasse de ses œufs.

Le gardon multiplie beaucoup ; le gardon rosse fraye au mois de mai, et le gardon rotengle pendant le mois suivant. Le temps du frai dure environ quatre jours. Les écailles du mâle sont pendant ce temps revêtues de petites excroissances dures et pointues.

Pêche du gardon dans les rivières. — On commence à pêcher le gardon, dans les rivières, vers le mois d'avril, avec des vers rouges et une ligne garnie d'un seul hameçon. On suit le bord de l'eau et on place la ligne de manière que la flotte soit près du bord, et on l'agite de temps en temps. Le poisson saisit le ver, pensant qu'il s'échappe de la terre, et fuit en entraînant la flotte.

Pendant les mois suivants, on pêche les gardons avec des vers blancs. On choisit les fonds d'eau, le voisinage des herbes ou les remous, pour y placer la ligne. On amorce le coup au moyen de pelotes de terre garnies de vers, et en jetant des vers dans l'eau.

L'appât de la ligne doit toucher presque le fond de l'eau, comme étant là l'endroit où se tiennent presque toujours les gardons. On fait sautiller de temps en temps la flotte de la ligne pour que les gardons aperçoivent l'appât.

Les gardons avalent avec plus ou moins de promptitude ; les petits gardons sucent le ver avant de l'aspirer ; il est aisé de les reconnaître au sautillement pré-

cipité de la flotte ; quelquefois cette flotte se couche à
plat sur l'eau par l'effet du mouvement du poisson qui,
après avoir pris l'appât, remonte à la surface ; on appelle ce coup : coup de relevage. On pique, dans ce
cas, comme si la flotte s'enfonçait.

Les gros gardons entraînent la flotte plus lourde-
ment ; il semble que l'appât s'accroche à quelques
herbes. Cependant, un pêcheur habitué reconnaît ce
coup, et il pique avec précaution et par un petit coup
sec, pour ne pas briser sa ligne.

On pêche aussi le gardon pendant les mois d'été avec
du blé cuit, après avoir amorcé pendant quelques jours
l'endroit où l'on se propose de pêcher, avec du blé et
autres grenailles.

Pêche du gardon dans les étangs. — On choisit pour
ce genre de pêche le bord des herbiers, et on jette la
ligne au large après avoir fixé la flotte de manière que
l'appât demeure à peu de distance du fond de l'eau ; et
comme il n'existe pas de courant, on tire de temps à
autre la ligne à soi, puis on la rejette jusqu'à ce qu'un
gardon saisisse l'appât. Si, après avoir pêché pendant
quelque temps dans un endroit, l'appât ne se trouve
pas attaqué, on change de place jusqu'à ce qu'on ren-
contre une bande de gardons, car ces poissons nagent
presque toujours en troupe.

On pêche ainsi avec des vers de terre, des vers
d'eau, des cloportes et d'autres insectes.

Mais, lorsque le temps est beau, que l'eau est calme
ou faiblement agitée par le vent, on se fixe devant un

endroit peu profond, et pendant qu'on prépare sa ligne, on amorce le coup avec du pain mâché, et l'on pêche de fond avec du pain ordinaire ou du pain d'épices. On doit visiter souvent l'appât, afin de s'assurer s'il n'est pas détaché de l'hameçon.

Quand le gardon saisit cet appât, la flotte de la ligne plonge faiblement. Il importe de piquer promptement et avec précaution, car les carpes et les tanches aiment aussi le pain, et il arrive très-souvent qu'on prend ces poissons en pêchant des gardons.

Goujon (*gabius*). — Ce poisson a le corps rond et tacheté, sa tête est grosse et d'un brun verdâtre ; le dos est d'un bleu noir ; les nageoires sont rougeâtres ou jaunâtres, selon l'âge du goujon ou la nature des eaux dans lesquelles il vit.

La grandeur ordinaire du goujon est de 8 à 10 centimètres ; il parvient à une plus grande longueur dans les endroits où la nourriture lui convient. Il vit de plantes et d'insectes ; on le prend à la ligne avec des vers de terre et du fumier, et avec des vers blancs.

On trouve le goujon dans les lacs, les canaux, les rivières, dans tous les endroits enfin où il existe du courant ; il se tient au fond de l'eau sur le sable et le gravier. On le pêche à la ligne depuis le printemps jusqu'à l'automne. Il nage près des bords au moment des chaleurs ; il se retire plus au large lorsqu'il fait froid.

Pêche du goujon. — On pêche le goujon, soit en restant en place, soit en suivant les bords de l'eau. Si on reste en place, on amorce au moyen du fouloir ou des pelotes de terre garnies de vers. Si l'on suit les bords de l'eau, on amorce avec de la terre très-fine qui, en tombant, trouble l'eau et fait arriver les goujons.

Lorsque l'appât est attaqué, on s'en aperçoit immédiatement au sautillement léger, puis plus prononcé, de la flotte de la ligne; mais il ne faut piquer que lorsque la flotte a disparu complétement.

On prend aussi le goujon à traîner; cette pêche se fait au moyen d'une ligne très-longue, garnie d'un seul hameçon. Lorsque la profondeur de l'eau est, par **exemple**, de 2 mètres, on fixe la flotte de manière qu'elle soit à une distance de 4 mètres de l'appât, et on jette la ligne au large.

On laisse descendre l'appât au fond, et on le ramène par de légères saccades vers les bords, ayant la précaution de s'en éloigner au fur et à mesure qu'il s'en approche.

Lorsque, dans le trajet qu'on fait faire à l'appât, on éprouve un léger tremblement dans la main, on arrête et on attend que la flotte soit entraînée pour piquer le poisson.

Grenouille (*ranunculus* ou *ranula*). — Il existe en France deux espèces de grenouilles : la grenouille commune et la grenouille comestible.

La grenouille commune est d'une couleur brune, son dos est moucheté de points noirs. Pendant la saison d'hiver, elle reste engourdie dans la vase ou dans des trous dont elle ne sort qu'au printemps.

La grenouille comestible est plus grosse ; sa chair est plus blanche et plus délicate ; cette grenouille est verte ; le dos est bigarré de taches noires ; le dessous du ventre est blanc. On donne à cette grenouille le nom de *crécet* ou *crécel*.

Les grenouilles servent d'appât pour amorcer les lignes à brochet et à anguille.

On les pêche aussi à la ligne pendant l'été.

La ligne à grenouille est en soie ; elle est garnie d'un hameçon à trois branches ; on appâte cet hameçon avec un morceau de drap rouge ou avec un morceau de peau de grenouille qu'on fait sautiller sur la surface de l'eau.

Grillon. — Cet insecte, qu'on nomme aussi *Cheval du bon Dieu*, est noirâtre ; on le trouve dans les champs pendant tout l'été, sa forme ressemble à celle du cri-cri. Il sert d'appât pour pêcher les meuniers.

Groseille. — On emploie la groseille rouge pour prendre aussi les meuniers dans les fonds d'eau. Un seul grain suffit pour amorcer l'hameçon de la ligne.

Hameçon. -- Les hameçons sont connus sous les noms de haim, acqs, acquées et amouba. On les fabrique en Angleterre et en Allemagne. Il y en a de beaucoup d'espèces : 1° les hameçons minces, à palette, à longue tige ; 2° les hameçons avec tige à vis ; 3° les hameçons minces, à palette et à courte queue ; 4° les hameçons renforcés , à palette ; 5° les hameçons renforcés, avec anneau. Toutes ces espèces d'hameçons se fabriquent en première et en deuxième qualité.

Il existe aussi des fabriques d'hameçons en France; mais ces hameçons sont destinés spécialement pour la pêche maritime.

Les Irlandais fabriquent un modèle d'hameçon très-estimé : c'est l'hameçon dit Limerick.

Quoique les hameçons anglais soient d'une qualité bien supérieure à celle des hameçons allemands, nous devons dire cependant que toutes les fabriques anglaises ne jouissent pas de la même réputation pour la qualité de l'acier, la trempe, la forme des hameçons et leur régularité.

Les hameçons provenant des fabriques Bartelet, Sons et Hemming, sont les plus estimés des pêcheurs. Il est facile de les reconnaître à l'étiquette, dorée et collée sur chaque paquet, pour les garantir de la contrefaçon.

Chaque qualité et chaque espèce d'hameçons comptent trente-deux numéros, représentant trente-deux grandeurs différentes. Ces numéros sont les suivants : 12/0, 11/0, 10/0, 9/0, 8/0, 7/0, 6/0, 5/0, 4/0, 3/0, 2/0, 0, 1, 2, 3, 4, 5, 6, 7, 8, 9, 10, 11, 12, 13, 14, 15, 16, 17, 18, 19, 20. Le n° 12/0 est le modèle le plus grand; le n° 20 est le plus petit. Les numéros en usage pour pêcher les poissons d'eau douce commencent au n° 4/0 et finissent au n° 20; les autres grandeurs servent pour pêcher en mer. Les hameçons minces sont employés pour les lignes tenues à la main; les hameçons renforcés et à anneau servent pour les lignes de fond.

Les hameçons irlandais sont de deux espèces : les

uns sont à tige pointue et s'emploient pour la fabrication des insectes artificiels; la tige des autres est terminée par une palette. L'une et l'autre espèce sont
couvertes d'un vernis qui les préserve de la rouille.

On fabrique également, outre les modèles mentionnés ci-dessus, un modèle d'hameçon qui est à double
branche et qu'on nomme hameçon double picke. Il y
en a de deux espèces : les branches des unes sont courbées du même côté; les branches des autres sont tour-
nées en sens inverse; on appelle ceux-ci hameçons
doubles contrariés. Cette dernière espèce est préférable, en ce qu'il n'est pas possible que l'une des branches ne s'engage pas dans les chairs d'un poisson.

Les hameçons doubles sont de seize grandeurs;
elles commencent au n° 15 et finissent au n° 30. Il y
en a qui ne sont pas montés; il y en a aussi qui sont
fixés au bout d'une chaînette en fil de cuivre tressé.
Cette même monture s'adapte également sur les hameçons renforcés à anneaux.

Les hameçons doubles et les hameçons garnis d'une
chaînette en cuivre servent à pêcher l'anguille et le
brochet.

On fait encore des hameçons doubles à ressort; cette
sorte d'hameçon, qui est destinée pour les gros brochets, est à coulisse et s'ouvre en présentant une très-
grande surface dès qu'un brochet s'est emparé de
l'appât.

On reconnaît la bonne qualité d'un hameçon au son
qu'il produit en tombant sur un corps dur. Il importe
que le dard soit limé et très-aigu, et que la partie cour-

bée ne soit pas trop contournée. — V. le mot *empile* pour le montage des hameçons.

Hanneton. — Ce scarabée est de deux espèces : l'une a les écailles rougeâtres et vit sur les arbres ; l'autre a les écailles d'un jaune d'or, et se tient dans les blés. Cette dernière espèce est plus petite que l'autre. Elles sont bonnes toutes les deux pour pêcher le meunier.

Pour se servir du hanneton, on lui arrache ses ailes écailleuses et on le pique ensuite sur l'hameçon.

Harpon. — Le harpon, qu'on nomme aussi harpiau, est en fer ; il est garni de quatre branches aiguës. Il existe à la partie supérieure un anneau mobile.

Le harpon s'emploie pour relever de l'eau les lignes de fond.

On se sert également d'un harpon pour prendre les brochets. — V. *Brochet*.

Insectes. — Tous les insectes, en général, servent d'appât pour prendre les poissons ; mais il en est qu'on ne trouve pas en tout temps et qu'on remplace par des insectes artificiels.

Tels sont, par exemple : les araignées, les chenilles, les cousins, les cri-cri d'eau, les fourmis, les mouches dites de haie, de mars, de mai, de noisetier, de pierre, de roseau, de saule et de viande ; les papillons, les sauterelles, etc.

On fabrique ces insectes artificiels avec des plumes

de toutes sortes d'oiseaux, du clinquant, de la laine et
de la soie.

Les plumes du faisan, de la perdrix, de la pintade,
du geai, etc., servent à confectionner les ailes des papillons. On imite le corps velu des chenilles avec des
plumes prises au cou et au-dessus de la queue des
coqs; le corps des araignées et autres mouches velues
se fait au moyen d'une barbe de plume de la queue
d'un paon, que l'on tourne autour d'un hameçon. On se
sert de clinquant pour donner la couleur brillante de
l'insecte.

Pour faire un insecte artificiel, on commence par
empiler solidement l'hameçon. Si l'insecte doit avoir
le corps gros, on le fait avec de la laine ; si le corps est
mince, on lui donne sa forme au moyen de soie plate,
poissée, et l'on y mêle du clinquant si le corps doit être
brillant. On y attache des antennes de plume pour former les ailes, si l'insecte est ailé ; on tourne autour du
corps une plume du cou d'un coq ou une barbe de plume
de la queue d'un paon, pour rendre le corps velu.

Les insectes de couleur claire servent pendant les
temps sombres ; les insectes foncés s'emploient lorsque
le soleil luit.

Joubarbe. — Le suc de la joubarbe, versé sur de
l'ortie et pilé avec de la quinte-feuille, est un appât
très-bon pour attirer les poissons. On frotte avec ce
suc toute espèce d'appât avant de le mettre dans l'eau.

Jeu ou **Ligne de fond.** — Le jeu est fait avec

deux bouts de ficelle, dont l'un, plus mince que l'autre, est garni d'hameçons de distance en distance. Ces deux ficelles, ordinairement en fouet de lin, sont séparées par un plomb ayant la forme d'une clochette. Ce plomb est garni d'une aile sur le côté où est attachée la ficelle qui contient les hameçons. L'autre ficelle est fixée à la partie supérieure de la clochette ; elle sert à attacher le jeu au bord de l'eau ou à un bateau.

Les jeux s'emploient pour pêcher les barbeaux, les meuniers et les gardons.

Législation. — Fournel, dans son *Traité des Lois rurales*, s'exprime ainsi au sujet du droit naturel de la pêche :

« En vertu du droit naturel, le propriétaire du fonds
» n'est pas propriétaire du poisson dont le pêcheur
» s'est emparé sur ce fonds, puisque le caractère ou la
» nature des poissons est de n'appartenir à personne
» et de vivre en liberté ; on ne peut pas dire, par con-
» séquent, qu'ils ont été ravis ou volés au propriétaire
» du fonds. — Le droit de pêche est inhérent à la pro-
» priété. Le propriétaire a le même droit sur le pois-
» son de son étang ou de sa rivière que sur le gibier
» de sa garenne ou de son champ. Il a le droit exclusif
» de pêcher dans la rivière qui coule sur son fonds ;
» mais si quelqu'un, au préjudice de ce droit, vient
» pêcher dans cette rivière, le poisson qu'il en retire
» est à lui, à titre de premier occupant, sans que le
» propriétaire puisse le revendiquer comme faisant

» partie de sa propriété ; son droit se réduit à intenter
» une action contre le délinquant. La propriété du
» poisson n'en est pas moins acquise au pêcheur par
» les principes du droit naturel. Il en est autrement
» lorsque le poisson est pris dans un réservoir ou vi-
» vier ; dans ce cas, le poisson n'est pas acquis à titre
» de premier occupant ; le pêcheur est coupable de vol,
» attendu que le poisson est retenu par un obstacle qui
» s'oppose à sa fuite et le rend captif du propriétaire
» qui l'avait incorporé au fonds, et dont il faisait par-
» tie intégrante. » (1)

Ce texte résume d'une manière complète les principes du droit naturel de la pêche ; mais, à côté de ces
principes, l'autorité publique a dû intervenir dans tous
les temps pour empêcher le dépeuplement des rivières
et s'opposer à l'emploi des engins destructeurs.

Les lois protectrices remontent au temps des Romains ; plus tard, nos rois rendirent un grand nombre
d'ordonnances sur la pêche, qui ont réglementé l'emploi des instruments, ainsi que les époques où il était
permis de pêcher, et édicté contre les contrevenants
des peines qui ne le cèdent guère en sévérité à celles
qui étaient appliquées en matière de chasse. L'ordonnance de 1669 prononçait notamment la peine du car-
can, du fouet ou du bannissement, contre quiconque se

---

(1) V. Merlin, v. 9, p. 149. — *Journal du Palais*, t. VI, 1806-
1807, p. 505.

livrait à la pêche avant le lever ou après le coucher du soleil (1).

Le décret du 8 frimaire an II a accordé à tout le monde la liberté de la pêche dans les rivières navigables et flottables de l'Etat, en maintenant toutefois les règles établies pour la conservation des différentes sortes de poissons, ainsi que le maintien de l'ordre et le respect des propriétés.

Cette liberté ne fut pas de longue durée; elle donna lieu à des abus qui firent rendre le décret du 11 floréal an X (4 mai 1802).

L'article 12 de ce décret porte : « A compter du » 1er vendémiaire prochain, nul ne pourra pêcher dans » les fleuves et rivières navigables s'il n'est muni d'une » licence ou s'il n'est adjudicataire de la ferme de la » pêche, etc. »

L'article 14 a cependant permis l'usage de la ligne flottante et à la main. Cet article s'exprime ainsi :

« Tout individu qui, n'étant ni fermier de la pêche » ni pourvu de licence, pêchera dans les fleuves et ri» vières navigables *autrement qu'à la ligne flottante et à* » *la main*, sera condamné, etc. »

L'art 17 du même décret a dévolu la surveillance et la conservation de la pêche aux agents de l'administration forestière.

Les fermiers de la pêche pouvaient toutefois avoir

---

(1) Ordonnances de 1291, 1326, 1388, 1402, 1453, 1476, 1515, 1550, 1597 et 1669.

es gardes particuliers, mais à la charge d'obtenir l'ap-
robation du conservateur des forêts et de les faire recevoir comme tels.

Les dispositions de l'article 14 du décret du 14 flo-
éal an X, relatives à la liberté de pêcher avec une
gne flottante et à la main, ayant donné lieu à des in-
erprétations différentes, un arrêté du 17 nivôse an XII
rendu plus claires ces dispositions. Cet arrêté porte :
« L'article 14 du titre V de la loi du 14 floréal an X,
sera exécuté selon sa forme et teneur. En consé-
quence, tout individu autre que les fermiers de la
pêche ou le pourvu de licence, ne pourra pêcher sur
les fleuves et rivières navigables *qu'avec une ligne
flottante tenue à la main*. »
Toute l'ancienne législation fut enfin remplacée par
. loi du 15 avril 1829, qui nous régit encore aujour-
'hui; et comme cette loi a réglementé toute la pêche
n général, nous nous bornerons à rapporter ce qui
oncerne la pêche à la ligne.

L'article 5 de ladite loi porte : « Tout individu qui
se livrera à la pêche sur les fleuves et rivières navigables ou flottables, canaux, ruisseaux ou cours d'eau
quelconques, sans la permission de celui à qui le
droit de pêche appartient, sera condamné à une
amende de 20 francs au moins et de 100 francs au
plus, indépendamment des dommages-intérêts.

» Il y aura lieu, en outre, à la restitution du prix
du poisson qui aura été péché en délit; et la confiscation des filets et engins de pêche pourra être pro-
noncée.

» Néanmoins, il est permis à tout individu de pêche
» *à la ligne flottante tenue à la main*, dans les fleuves
» rivières et canaux désignés dans les deux premier
» paragraphes de l'article 1er de la présente loi, *l*
» *temps du frai excepté.* » C'est-à-dire dans tous le
fleuves, rivières, canaux et contre-fossés navigable
ou flottables avec bateaux, trains ou radeaux, et don
l'entretien est à la charge de l'Etat ou de ses ayant
droit; et dans les bras, noues, boires et fossés qu
tirent leurs eaux des fleuves et rivières navigables o
flottables dans lesquelles on peut en tout temps passe
ou pénétrer librement en bateau de pêcheur, et don
l'entretien est également à la charge de l'Etat.

Plusieurs fermiers de la pêche ont pensé que par le
mots : *ligne flottante tenue à la main*, la loi n'avait pa
entendu que cette ligne fût garnie de plomb. Cette pre
tention est erronée, par la raison que les lignes qui n
sont pas garnies de plomb ne sont que des lignes vc
lantes qui servent à prendre les poissons à la surfac
de l'eau.

La ligne flottante que la loi a autorisée, sert au cor
traire à prendre les poissons au fond de l'eau. Elle di
fère de la ligne volante, en ce qu'elle est garnie d'un
flotte et de plomb; c'est ce plomb qui, retenant l'appâ
au fond, permet d'y prendre le poisson. — Ce que*l
loi a entendu, c'est que le plomb ne fût pas en quantit
telle qu'il pût empêcher la flotte de la ligne de suivr
le courant de l'eau; s'il en était autrement, la ligne n
serait plus une ligne flottante, mais une ligue dor
mante, qui rentrerait alors dans la catégorie des er

gins prohibés à défaut d'une licence. C'est ce qui résulte d'une décision de l'administration des eaux et forêts, qui a été consultée à ce sujet par un tribunal du ressort de la cour de Lyon, et d'un jugement rendu le 27 septembre 1844, par la cour d'appel de Douai, qui a déclaré qu'une ligne flottante peut toujours être considérée comme telle, bien qu'elle soit armée de petits plombs. (*Journal du Palais*, 1845, p. 305.)

« Attendu, porte ce jugement, qu'il n'est pas établi
» que la ligne tenue à la main par... était armée de
» plombs assez forts pour qu'elle ne dût pas être con-
» sidérée comme ligne flottante, etc... »

La seule obligation que la loi impose pour l'emploi de la ligne flottante, c'est de tenir à la main la canne sur laquelle cette ligne est attachée. Divers arrêts ont été rendus à ce sujet; ils ont été affirmatifs sur la question (1). Il est donc évidemment démontré que la ligne flottante peut être garnie de plomb; mais une autre question a été soulevée, celle de savoir si le fait d'avoir pêché dans un bateau avec une ligne flottante était punissable. On prétendait que la loi voulait qu'on ne pêchât qu'en se tenant sur les bords de l'eau. Le prévenu fut acquitté par le motif que la loi ne faisait pas cette distinction (2). On a demandé aussi si une ligne flottante pouvait être armée de plusieurs hameçons; il a

(1) C. de cass., 1er décembre 1810, 21 juin 1821, 7 août 1823, 20 août 1824. C. d'appel de Bourges, 12 octobre 1839

(2) C. d'appel, 28 décembre 1835.

été jugé que ce fait ne constituait pas un délit, par la raison que la loi n'avait pas limité le nombre d'hameçons de la ligne flottante (1).

Le seul cas où le fait d'avoir pêché avec une ligne flottante est répréhensible, c'est celui où l'on ferait usage de cette ligne pendant le moment du frai. Le dernier paragraphe de l'article 5 de la loi est tellement impératif, que le fermier d'un canton de pêche lui-même n'a pas le droit de l'enfreindre, et, à plus forte raison, ne peut se prévaloir de son titre de fermier pour autoriser, pendant le temps du frai et moyennant rétribution, la pêche à la ligne flottante dans la rivière où le droit de pêche lui a été concédé.

Le délit de pêche dans une rivière navigable n'est pas excusable à raison même de la bonne foi du prévenu. Nul ne doit ignorer la loi (2).

L'article 25 de la loi défend de jeter dans les eaux des drogues ou appâts étant de nature à enivrer le poisson ou à le détruire, sous peine d'une amende de trente à trois cents francs et d'un emprisonnement d'un mois à trois mois.

L'article 26 porte que des ordonnances détermineront :

1° Les temps, saisons et heures, pendant lesquels la pêche sera interdite ;

2° Les procédés et modes de pêche qui, étant de na-

----

(1) Tribunal correctionnel de Versailles, 24 décembre 1844.
(2) C. de cass., 11 juin 1825.

ture à nuire au repeuplement des rivières, devront être prohibés ;

3° Les dimensions au-dessous desquelles les poissons de certaines espèces devront être rejetés en rivière ;

4° Les espèces de poissons avec lesquelles il sera défendu d'amorcer les hameçons.

L'ordonnance du 15 novembre 1830 a confié ce soin aux préfets.

Le règlement sur la pêche fluviale dans l'étendue du département de la Seine contient les dispositions suivantes :

Art. 1er. La pêche est interdite dans l'étendue des » fleuves, rivières et cours d'eau quelconques du » département de la Seine pendant le temps du frai, » depuis le 15 avril jusqu'au 15 juin de chaque année.

« Art. 2. Dans l'intérieur de la ville de Paris, il est » défendu de pêcher, même à la ligne flottante, avant » l'ouverture et après la fermeture des ports (1). »

L'article 3 indique, comme devant être rejetés en rivière, les truites, carpes, barbeaux, ombres, brêmes, brochets et meuniers ayant moins de 160 millimètres entre l'œil et la naissance de la nageoire de la queue, les tanches, perches gardons, lotes et autres poissons croissants, ayant moins de 135 millimètres, et

---

(1) Cette disposition est le résultat d'une mesure de police prise dans l'intérêt de la sûreté publique.

les anguilles ayant moins de 75 millimètres de tour au milieu du corps.

L'article 4 défend d'amorcer les hameçons avec les poissons désignés ci-dessus. Il ne permet pour cet usage que l'emploi des ablettes, goujons, vérons, loches et épinoches.

L'article 7 défend : 1° d'attirer et rassembler les poissons en pêchant la nuit aux flambeaux, brandons et autres feux, et en rompant la glace ; 2° d'attaquer le poisson, lorsque les eaux sont basses, avec des dards, tridents, fourchettes, fouënes, etc.; 3° de prendre le poisson à la main en plongeant ; 4° de l'enivrer ou de le faire mourir en jetant dans l'eau des drogues et substances nuisibles, telles que : chaux, noix vomique, momie, tithymale, sucs infects de lin et de chanvre, etc.

L'article 27 de la loi punit d'une amende de trente à deux cents francs quiconque se livrera à la pêche pendant les temps prohibés par les ordonnances ; et l'article 28, d'une amende de trente à cent francs ceux qui feront usage de l'un des procédés, modes de pêche ou engins prohibés. Le même article 28 porte que, si le délit a eu lieu pendant le temps du frai, l'amende sera de soixante à deux cents francs.

La pêche au panier constitue un délit, comme ayant été faite avec un instrument propre au dépeuplement des rivières (1). Le fait de prendre du poisson à la

---

(1) C. de cass., 7 août 1823.

main en plongeant dans une rivière est également punissable (1). La fouëne est prohibée (2). Lorsque trois
individus ont péché ensemble la nuit au moyen de feu,
ce fait constitue un délit distinct et séparé à l'égard de
chacun d'eux (3). Le fait d'être trouvé porteur d'engins
prohibés n'est point puni par la loi du 15 avril 1829 (4).

L'article 30 est ainsi conçu : « Quiconque pêchera,
» colportera ou débitera des poissons qui n'auront
» point les dimensions déterminées par les ordon-
» nances, sera puni d'une amende de vingt à cinquante
» francs et de la confiscation desdits poissons. Sont
» néanmoins exceptées de cette disposition les ventes
» de poisson provenant des étangs ou réservoirs. »

L'article 31 rend ces dispositions applicables aux
pêcheurs à la ligne qui se servent de petits poissons
pour amorcer leurs lignes (5).

Cependant, l'individu trouvé porteur de poisson
n'ayant pas les dimensions voulues et qu'il a acheté
pour les besoins de sa maison, ne peut être considéré
comme colporteur de poisson prohibé, et n'est point
passible des peines déterminées par l'article 30 de la
loi (6).

---

(1) Cour de cass., 7 août 1823.
(2)   Id.   20 août 1824.
(3) C. d'appel de Nancy, 29 janvier 1840.
(4) C. d'appel de Pau, 24 décembre 1829.
(5) C. de cass., 13 juin 1833.
(6) C. de cass. de Riom, 28 juin 1843.

Des poursuites. — L'article 36 de la même loi a investi le gouvernement du pouvoir d'exercer la surveillance et la police de la pêche dans l'intérêt général. Les agents spéciaux institués par lui, les gardes champêtres, les gardes des canaux et tous officiers de police judiciaire sont tenus, aux termes de cet article, de constater les délits de pêche en quelques lieux qu'ils soient commis, et ils exercent, conjointement avec les officiers du ministère public, toutes les poursuites et actions en réparation de ces délits. Ils transmettent leurs procès-verbaux au parquet du ministère public.

L'administration forestière a qualité pour poursuivre les délits de pêche commis dans les eaux et pêcheries des communes (1). Elle peut aussi poursuivre les délits commis dans les cours d'eau non navigables ni flottables (2). — Lorsque le délit est commis dans ces mêmes eaux pendant le temps du frai, ou avant ou après le coucher du soleil, ou avec des engins prohibés, le ministère public peut et même doit agir d'office, quand même le propriétaire riverain ne se plaindrait pas (3). Cependant le contraire avait été jugé par un arrêt qui avait reconnu qu'en l'absence de plainte de la partie intéressée, il n'y avait pas lieu à une action publique (4). Enfin, un arrêt a jugé que le ministère pu-

(1) C. de cass., 5 mars 1829.
(2) C. d'appel de Pau, 21 août 1829.
(3) C. de cass., 15 février 1812, 22 février 1844.
(4)   Id.   5 février 1807.

blic avait qualité pour poursuivre d'office tous les délits de pêche fluviale sans distinction, aussi bien ceux commis au préjudice des particuliers que ceux commis au détriment de l'Etat (1).

La poursuite du ministère public, en première instance, pour simple délit de pêche dans une rivière flottable ou navigable, ne peut, en appel, être étendue à un délit de pêche en temps et avec engins prohibés ; c'est là un délit à part dont l'instruction comporte deux degrés de juridiction (2).

Les délits de pêche dans les étangs, rivières et réservoirs appartenant aux particuliers, ne sont pas soumis aux peines prononcées par la loi de 1829 (3).

Les gardes champêtres, les gardes forestiers et les éclusiers des canaux sont, ainsi que les gardes-pêche des rivières et les gardes particuliers, officiers de police judiciaire, placés en cette qualité sous la surveillance du ministère public (4).

Le ministère public peut seul les réprimander et prendre à leur égard des mesures disciplinaires (5) ; les gardes sont tenus de lui obéir dans l'intérêt de l'ordre public et de la conservation des propriétés. Ces agents peuvent verbaliser dans les matières soumises à leur surveillance.

---

(1) C. de cass., 17 octobre 1838.
(2) C. de cass., 29 avril et 7 mai 1830.
(3)   Id.   11 décembre 1834.
(4) Code d'inst. crim., art. 9.
(5)   Id.   art. 279. C. de cass., 4 mai 1807.

NAPOLÉON,

Par la grâce de Dieu et la volonté nationale, Empereur des Français.

A tous présents et à venir, salut :

Sur le rapport de notre ministre de l'agriculture, du commerce et des travaux publics ;

Vu la loi du 15 avril 1829 ;

Vu la loi du 31 mai 1865 ;

La section de l'agriculture, du commerce, des travaux publics et des beaux-arts de notre Conseil d'Etat entendue.

Avons décrété et décrétons ce qui suit :

Art. 1er. Les époques pendant lesquelles la pêche est interdite, en vue de protéger la reproduction du poisson, sont fixées comme il suit :

1° Du 20 octobre au 31 janvier, est interdite la pêche du saumon, de la truite et de l'ombre chevalier ;

2° Du 15 avril au 15 juin, est interdite la pêche de tous les autres poissons et de l'écrevisse.

Est comprise dans cette interdiction la pêche de l'ombre commun, de l'anguille et de la lamproie, mais non celle des autres poissons qui vivent alternativement dans les eaux douces et les eaux salées.

Les interdictions prononcées dans les paragraphes précédents s'appliquent à tous les procédés de pêche, même à la pêche à la ligne flottante, tenue à la main.

Art. 2. Les préfets pourront, chaque année, par des

arrêtés spéciaux, après avoir pris l'avis des conseils généraux, interdire exceptionnellement la pêche de toutes les espèces de poissons pendant l'une ou l'autre des dites périodes, lorsque cette interdiction sera nécessaire pour protéger l'espèce prédominante.

Ces arrêtés seront soumis à l'approbation de notre ministre de l'agriculture, du commerce et des travaux publics.

Art. 3. dans la semaine précédant chaque période d'interdiction de la pêche, des publications seront faites dans les communes pour rappeler les dates du commencement et de la fin de ces périodes.

Art. 4. Quiconque, pendant la période de l'interdiction de la pêche, transportera ou débitera des poissons provenant des étangs et réservoirs, sera tenu de justifier de l'origine de ces poissons.

Art. 5. Les poissons saisis et vendus aux enchères, conformément à l'article 43 de la loi du 15 avril 1829, ne pourront pas être exposés de nouveau en vente.

Art. 6. La pêche n'est permise que depuis le lever jusqu'au coucher du soleil.

Toutefois, la pêche de l'écrevisse et de l'anguille pourra être autorisée après le coucher et avant le lever du soleil, aux heures fixées par un arrêté préfectoral. Cet arrêté déterminera, pour l'écrevisse, la nature et les dimensions des engins dont l'emploi sera permis.

Art. 7. Le séjour dans l'eau des filets et engins ayant les dimensious réglementaires est permis à toute heure, sous la condition qu'ils ne pourront être placés et relevés que depuis le lever jusqu'au coucher du soleil.

Art. 8. Les dimensions au-dessous desquelles les poissons et écrevisses ne pourront être pêchés et devront être immédiatement rejetés à l'eau, sont déterminées comme il suit pour les diverses espèces :

1° Les saumons et anguilles, vingt-cinq centimètres de longueur ;

2° Les truites, ombres chevaliers, ombres communs, carpes, brochets, barbeaux, brêmes, meuniers, muges, aloses, perches, gardons, tanches, lottes et lamproies, quatorze centimètres de longueur ;

3° Les soles, plies et flets, dix centimètres de longueur ;

4° Les écrevisses, huit centimètres de longueur.

La longueur des poissons ci-dessus mentionnés sera mesurée de l'œil à la naissance de la queue, celle de l'écrevisse de l'œil à l'extrémité de la queue déployée.

Les prescriptions qui précèdent ne sont pas applicables aux poissons pris à la ligne flottante.

Art. 9. Les mailles des filets, mesurées de chaque côté, après leur séjour dans l'eau, et l'espacement des verges des bires, nasses et autres engins employés à la pêche des poissons, auront les dimensions suivantes :

1° Pour les saumons, quarante millimètres au moins

2° Pour les grandes espèces, autres que le saumon et pour l'écrevisse, vingt-sept millimètres au moins;

2° Pour les petites espèces, telles que goujons, loches, vérons, ablettes et autres, dix millimètres.

La mesure des mailles sera prise avec une tolérance d'un dixième.

Art. 10. Les filets fixes ou flottants ne pourront excéder en longueur les deux tiers de la largeur mouillée des cours d'eau où on les manœuvrera. Plusieurs filets ne pourront être employés simultanément sur la même rive ou sur deux rives opposées qu'à une distance au moins triple de leur développement.

Art. 11. Les filets fixes employés à la pêche seront soulevés par le milieu pendant trente-six heures de chaque semaine, du samedi à six heures du soir au lundi à six heures du matin, sur une longueur équivalente au dixième de leur développement, et de manière à laisser entre le fond et la ralingue inférieure, un espace libre de cinquante centimètres au moins de hauteur.

Art. 12. Sont prohibés tous les filets traînants, à l'exception du petit épervier jeté à la main et manœuvré par un seul homme.

Est pareillement prohibé l'emploi des lacets ou collets.

Art. 13. Il est interdit :

1° D'établir dans les cours d'eau des appareils ayant

pour objet de rassembler le poisson dans des noues, boires, fossés ou mares dont il ne pourrait plus sortir, ou de le contraindre à passer par une issue garnie de piéges ;

2° D'accoler aux écluses, barrages, chutes naturelles, pertuis, vannages, coursiers d'usines et échelles à poissons, des nasses, paniers et filets à demeure ;

3° De pêcher avec tout autre engin que la ligne flottante tenue à la main, dans l'intérieur des écluses, barrages, pertuis, vannages, coursiers d'usines et passages ou échelles à poissons, ainsi qu'à une distance moindre de trente mètres en amont et en aval de ces ouvrages.

4° De pêcher dans les parties des rivières, canaux ou cours d'eau dont le niveau serait accidentellement abaissé, soit pour y opérer des curages ou travaux quelconques, soit par suite du chômage des usines ou de la navigation.

Art. 14. Sur la demande des adjudicataires de la pêche des cours d'eau et canaux navigables et flottables, et sur la demande des propriétaires de la pêche des autres cours d'eau et canaux, les préfets pourront autoriser, dans des emplacements, et à des époques déterminés, des manœuvres d'eau et des pêches extraordinaires pour détruire certaines espèces, dans le but d'en propager d'autres plus précieuses.

Art. 15. Des arrêtés préfectoraux rendus sur les avis des ingénieurs et des conseils de salubrité détermineront :

1º La durée du rouissage du lin et du chanvre dans les cours d'eau, et les emplacements où cette opération pourra être pratiquée avec le moins d'inconvénients pour le poisson;

2º Les mesures à observer pour l'évacuation dans les cours d'eau des matières et résidus susceptibles de nuire au poisson et provenant des fabriques et établissements industriels quelconques.

Art. 16. Sont abrogées les ordonnances des 15 novembre 1830 et 28 février 1842, les décrets des 19 octobre 1863 et 7 février 1866, ainsi que tous règlements locaux sur la pêche et les ordonnances ou décrets qui les approuvent.

Toutefois, les dispositions du présent décret ne sont pas applicables au Rhin et à la Bidassoa, lesquels restent soumis aux lois et règlements qui les régissent spécialement.

Art. 17. Notre ministre de l'agriculture, du commerce et des travaux publics est chargé de l'exécution du présent décret.

Fait au palais des Tuileries, le 25 janvier 1868.

NAPOLÉON.

Par l'Empereur :
*Le ministre de l'agricul-
ture, du commerce et
des travaux publics,*
DE FORCADE.

(Extrait du *Moniteur universel* du 27 janvier 1868).

Liége. — Le liége provient de l'écorce du chêne-liége, qui croît dans le midi de la France et en Espagne ; il sert à faire les bouchons des lignes qu'on nomme flottes.

La qualité du liége se reconnaît à ses pores serrés et à sa dureté.

On coupe le liége au moyen d'une lame de couteau graissée avec du suif.

Liége flottant. — Le liége flottant a la forme d'une poulie ; sa grandeur est de 10 à 15 centimètres ; il est peint en blanc d'un côté et en rouge de l'autre. Il est en outre traversé au milieu par une cheville en bois échancrée par le bout.

La ligne dont on garnit les liéges flottants est en cordonnet ou en fouet ; sa longueur est de 15 à 20 mètres ; elle est plombée avec une balle percée ; elle porte un hameçon simple monté sur un fort boyau de ver à soie, si elle est destinée à prendre des carpes, ou d'un hameçon à double branche, si elle doit servir à pêcher des brochets. Cette ligne se roule sur la partie du liége formant poulie. Pour s'en servir, on en déroule une longueur d'environ un mètre ; on place ce bout dans l'échancrure de la cheville en bois, et on met le liége sur l'eau, soit du côté de la couleur blanche, soit de celui de la couleur rouge, mais toujours de manière que la partie échancrée de la cheville de bois soit en dessus. Comme le poisson, en prenant l'appât, fait basculer le liége, le changement de couleur indique qu'il est pris. V. *Trimère.*

Ligne. — Le mot ligne a souvent donné lieu à de fausses interprétations. On a pensé à tort qu'une ligne signifiait une canne à pêche. La ligne est un fil au bout duquel sont attachés un ou plusieurs hameçons, et que l'on fixe au bout d'une canne à pêche.

On fabrique les lignes avec du crin, des boyaux de vers à soie, du cordonnet et du fouet ; le corps de ces lignes se nomme bannière.

Les lignes sont de deux natures : l'une qu'on appelle ligne flottante, dont l'emploi est autorisé par la loi du 15 avril 1829 ; l'autre, la ligne de fond, dont on ne peut se servir, dans les rivières navigables et flottantes appartenant à l'Etat, qu'en vertu d'une licence.

On comprend dans la catégorie des lignes flottantes : la ligne aux coups, la ligne à fouetter, la ligne à rouler et la ligne volante.

La ligne aux coups a reçu son nom de l'obligation où est le pêcheur de la jeter en amont du courant et de la relever lorsqu'elle est parvenue à l'extrémité du coup.

La ligne à fouetter indique par le nom qu'elle porte que le bras du pêcheur doit la ramener vers lui à mesure que le courant l'entraîne.

La ligne à rouler est celle dont on se sert pour pêcher à fouetter sur le gravier.

Enfin, la ligne volante, dite ligne à la volée, est celle qui s'emploie pour prendre les poissons à la surface de l'eau.

Les lignes de fond sont au nombre de sept : la ligne dormante, la ligne pour la pêche au vif, la ligne à traîner, les cordeaux de nuit, les jeux, la ligne à soutenir, et la ligne au grelot.

On entend par ligne dormante celle dont on se sert dans les eaux sans courant, ou dans un courant faible, pour pêcher la carpe et la tanche, et qui est retenue au fond de l'eau par un plomb qui empêche la flotte de suivre le mouvement de l'eau ;

La ligne pour pêcher au vif est celle qu'on amorce avec un poisson vivant ;

La ligne à traîner est celle qu'on amorce avec un poisson mort ;

Les cordeaux de nuit servent à prendre les anguilles ;

Les jeux s'emploient pendant le jour pour prendre les gros poissons ;

Enfin, les lignes à soutenir et au grelot, qui sont également garnies de plomb, et dont l'usage n'est applicable qu'à la pêche des barbeaux.

Il va sans dire que les lignes de fond peuvent être employées dans les rivières, canaux et étangs rentrant dans le domaine de la propriété privée, chacun étant libre de s'approprier son poisson comme il lui convient.

La force du corps principal ou de la bannière des lignes, la grosseur des flottes, lorsqu'elles en sont garnies, et la grandeur des hameçons, doivent être proportionnés à la nature et à l'espèce des poissons auxquels les lignes sont destinées. Le tableau ci-après indique les lignes qui conviennent pour chaque espèce de poisson. (Voir à la fin du volume.)

Lote (*Lota*). — La lote, connue sur les bords du lac de Genève sous le nom de Motelle, a les mâchoires et les nageoires du dos inégales ; sa tête est grosse, large et aplatie ; la bouche est grande, et garnie à l'extérieur de deux barbillons ; à l'intérieur, elle est fournie de plusieurs rangées de petites dents pointues. Le corps est marbré de noir et de jaune, ou il est brun avec des taches jaunes selon la qualité des eaux que ce poisson habite.

Ainsi que celui de l'anguille, le corps de la lote est couvert d'une matière visqueuse et gluante. La tête ressemble à celle de la grenouille, le tronc est gros et court.

La lote aime les eaux claires ; elle se cache au fond entre les pierres. Elle vit de petits poissons, de vers et d'insectes aquatiques.

On prend les lotes avec la ligne dormante, ou des cordeaux de nuit, lorsqu'on pêche à l'anguille ; mais on n'en fait pas une pêche spéciale.

Meunier (*Jeses ou capito*). — Le meunier tire son nom du séjour qu'il fait près des moulins. On le nomme aussi : vilain, chevanne, chevenne, cheverne et testard.

Ce poisson a le corps gros et robuste ; sa tête est grosse ; la bouche est très-grande, son dos est noirâtre, les côtés sont argentins, le ventre est blanc.

Le meunier habite les grandes rivières ; il nage avec rapidité ; il aime les courants et les fonds caillouteux ; il se cache parfois près des bords pour s'élancer sur les insectes que les eaux charrient. Il parvient au poids de

4 à 5 kilogrammes. Sa chair est ferme et de bon goût; elle est garnie de nombreuses arêtes. Il fraye au mois d'avril et multiplie beaucoup.

On pêche le meunier pendant toute l'année, soit à la ligne aux coups, soit à la ligne volante.

Pour la ligne aux coups, on emploie pour appâts : du sang, du blé, des vers rouges et des vers blancs, des cerises, du raisin noir, des groseilles, des pois, des grillons, des sauterelles et autres insectes, des excréments humains et de petits poissons vivants.

Pour la ligne volante, on se sert d'insectes naturels ou d'insectes artificiels, tels que des hannetons, des papillons, des chenilles, des araignées, des mouches, et même de petites bouffettes de laine ou de soie noire, à défaut d'insectes.

Pêche du meunier à la ligne aux coups. — On choisit, pour cette pêche, les courants rapides, les abords des moulins et les plus grands fonds d'eau. On amorce soit avec du blé ou des vers blancs, soit avec du sang, soit avec des cerises, dans la saison où elles donnent, soit enfin avec des groseilles ou du raisin. Lorsqu'on se dispose à pêcher avec l'un de ces appâts, on pêche de fond et toujours au large. Le coup du meunier se reconnaît par la disparition subite de la flotte de la ligne.

On emploie quelquefois plusieurs lignes pour pêcher avec des cerises. Dans ce cas, on les garnit de plomb, en quantité suffisante pour que le courant ne les entraîne pas, et l'on place près de soi les cannes au bout desquelles elles sont attachées. Pour cette pêche, il faut que l'appât repose complétement au fond de l'eau, et que le pêcheur observe le plus grand silence.

Divers pêcheurs pêchent le meunier avec une espèce de mousse qui s'attache aux bateaux, aux herbages, et qu'on trouve aussi sur les bords de l'eau. Ils entortillent un morceau de cette mousse autour de l'hameçon, et pêchent entre deux eaux dans les courants rapides.

Pêche du meunier à la ligne volante. — On se sert d'une ligne faite en crin, en queue de rat, pour pêcher à la volée; cette ligne ne doit être garnie ni d'une flotte, ni de plomb; il faut que sa longueur soit au moins le double de celle de la canne, et l'on y attache un insecte naturel, ou un insecte artificiel en rapport avec ceux de la saison.

La canne à pêche doit être très-flexible et garnie de petits anneaux, et d'un moulinet sur lequel est roulée une partie de la ligne; ce moulinet sert à allonger ou à raccourcir celle-ci.

Pour bien opérer dans le lancé de la ligne, il faut s'habituer, au préalable, au maniement de la canne; tout le secret d'un bon lancé consiste non pas dans la force du bras, mais dans l'art de faire agir le poignet seul et à propos. La ligne, pour s'étendre, doit d'abord décrire un zig-zag, puis s'allonger progressivement; l'appât tombe alors le premier sur l'eau, et il semble au poisson qu'il vient de lui être amené par le vent; il n'hésite pas alors à le saisir, et le bouillonnement qu'il fait éprouver au mouvement de l'eau, en saisissant sa proie, indique aussitôt au pêcheur qu'il doit piquer. Si l'appât n'est pas attaqué, on relève aussitôt la ligne, et on la rejette dans une autre direction.

Pendant l'été, on choisit, pour cette pêche, les endroits herbageux, parce que les meuniers s'y retirent et guettent les insectes qui passent près des herbages.

Lorsqu'un meunier est pris, on l'enlève de l'eau, s'il n'est pas gros ; dans le cas contraire, on le laisse fuir en allongeant la ligne, et on le ramène au moyen du moulinet, jusqu'à ce que l'épuisement de ses forces permette de le retirer de l'eau avec une épuisette.

Moulinet. — Le moulinet est une petite manivelle au moyen de laquelle on allonge ou on racourcit les lignes dites à la volée. Il est fait en cuivre. Il y en a de trois espèces : le moulinet simple, le moulinet double, qu'on nomme moulinet multiplicateur, et le moulinet double à cliquet ou à cric.

Le moulinet simple se compose de chaque côté d'une rondelle pleine, de 4 à 5 centimètres de diamètre ; ces rondelles sont séparées par 4 branches rondes, dont une est plus longue que les autres et est mobile ; elle est reliée à l'une des autres branches par un tenon soudé d'un côté et mobile de l'autre, qui sert à arrêter ou à laisser tourner une manivelle placée sur le côté du moulinet. Au centre des rondelles est un rouleau de 5 à 6 millimètres d'épaisseur qui correspond à la manivelle ; il est percé d'un trou pour attacher la ligne ; c'est sur ce rouleau que celle-ci est roulée.

Au-dessous du moulinet est une bande plate rivée sur une autre bande concave placée en travers; cette dernière bande se pose sur la canne à pêche entre deux viroles qui servent à retenir le moulinet.

La forme du moulinet double est la même que celle du moulinet simple, avec la différence que les rondelles ne sont séparées que par trois branches au lieu de quatre, et qu'une des rondelles est double et forme une boîte dans laquelle sont placées des roues d'engrenage qui agissent sur le rouleau central et lui font décrire trois révolutions sur lui-même, lorsque la manivelle n'en fait qu'une. Un bouton, en forme de bascule, est placé sur le côté de la boîte d'engrenage et sert, soit en l'abaissant, soit en le relevant, à faciliter ou à empêcher l'enroulement de la ligne.

Le moulinet à cric est semblable au moulinet double; il existe seulement dans l'engrenage contenu dans la boîte un cliquet qui fait du bruit lorsque la manivelle agit. — V. *pêche du meunier*.

Nécessaire de pêche. — Le nécessaire de pêche est commode en ce qu'un pêcheur y trouve tout ce qui lui est nécessaire pour réparer ses lignes.

Il se fait des nécessaires de plusieurs modèles : les uns se composent d'un empiloir en bois garni de plusieurs lignes, les autres d'un empiloir avec une boîte à coulisse au milieu, renfermant des coulants, du plomb fendu, des hameçons, etc. ; ces deux modèles sont renfermés dans des étuis plats en carton.

Il existe des nécessaires plus compliqués : ce sont des boîtes en bois dont les couvercles sont à coulisse ou à charnière, et qui contiennent tous les objets utiles à un pêcheur.

Nœud de pêcheur. — C'est au moyen de ce nœud qu'on assemble au bout les uns des autres les crins, les boyaux de ver à soie ou tout autre fil, pour former la bannière des lignes ; il sert également à attacher les hameçons lorsqu'ils sont empilés.

Le nœud de pêcheur se fait de deux manières : la première consiste à placer l'un sur l'autre, jusqu'à la longueur de 6 à 7 centimètres, deux bouts de crin ou de boyau, et on fait avec le tout une boucle sur le doigt: on passe deux fois dans cette boucle la partie à lier, et on la ferme comme on fermerait le nœud de deux bouts de ficelle qu'on joindrait ensemble. On coupe ensuite, très-près du nœud, les parties inutiles.

La seconde manière est de coucher l'une sur l'autre les parties à lier. On fait une double boucle avec chacun des deux petits bouts ; on la ferme comme un nœud ordinaire, puis on rapproche les nœuds l'un vers l'autre en tirant les deux grands bouts.

Quand la ligne doit être garnie d'un hameçon, on adjoint la monture de celui-ci au corps de la ligne de la même manière que celles indiquées ci-dessus; mais lorsqu'on met à la ligne plusieurs hameçons, on les attache en sens inverse, c'est-à-dire l'hameçon tourné vers la flotte de la ligne , pour qu'il ne s'accroche pas au corps principal lorsque la ligne est dans l'eau.

Ombre. — On trouve dans les rivières habitées par

les truites un poisson qu'on nomme l'Ombre de rivière, et qui est moins gros que la truite. Le dos de ce poisson est d'un vert foncé tirant sur le bleu ; les côtés sont gris argenté , et les opercules des branchies sont vertes ou noires. L'ombre semble couverte de paillettes d'or, parsemées de points noirs au moment où on la retire de l'eau.

Pendant l'hiver, ces poissons se blottissent les uns contre les autres, et ne sortent de leur assoupissement que vers les mois d'avril et de mai pour frayer. Ils font pendant tout l'été la chasse aux insectes.

L'ombre , qui tire son nom de la vitesse de ses mouvements, se nomme aussi Thymallus, à cause de l'odeur de thym qu'on prétend lui être attribuée. Ce poisson est très-commun en Laponie ; on se sert de ses entrailles pour faire cailler le lait des rennes. Il a les mêmes mœurs et les mêmes habitudes que la truite ; il franchit, comme celle-ci, les obstacles qui s'opposent à son passage. On le pêche de la même manière et avec les mêmes appâts.

Orage. — Lorsque le temps est à l'orage et que l'air est chaud et lourd, il convient de se livrer à la pêche ; les poissons s'agitent, ils sont affamés et nagent de tous côtés pour saisir les aliments qu'ils rencontrent sur leur passage.

Mais dès que la pluie commence à tomber, les poissons se retirent au milieu des herbes et dans les endroits les plus profonds des rivières ; ce n'est que lorsque la pluie a cessé qu'ils sortent de leur retraite pour se jeter sur les insectes que les eaux charrient.

Pain. — On emploie du pain pour pêcher les carpes, les tanches et les gardons dans les étangs et viviers. On peut se servir de la mie en la pressant avec les doigts pour lui donner la forme d'une lentille ; mais la meilleure partie du pain est celle qui se trouve entre la mie et la croûte, et qu'on nomme l'entre-croûte. On en taille un morceau avec les dents et on l'accroche à l'hameçon.

On pêche au pain pendant tout l'été. — V. *Amorcer.*

Pain d'épices. — Le pain d'épices sert également pour pêcher, dans les étangs et viviers, les carpes et les gardons. La fleur de seigle, le miel et les épices dont ce pain est composé, conviennent beaucoup aux poissons.

Panier de pêcheur. — Les paniers pour la pêche, comme tous les autres paniers, sont faits en bois d'osier ; mais ils doivent être d'un transport facile, et il faut que l'air puisse y circuler librement pour que le poisson s'y conserve pendant les chaleurs.

Le modèle le plus commode est le panier en forme de carnassière ; il est cintré par derrière, et plus large en bas qu'en haut ; le devant est bombé, le couvercle placé dessus est à charnière, un trou carré existe au milieu pour y introduire les poissons. On porte ce panier au moyen d'une bretelle en cuir.

Le moyen de conserver longtemps ces paniers est de

les peindre avec une couleur à l'huile, et d'y mettre deux tasseaux en bois pour les préserver de l'humidité lorsqu'on les pose à terre.

Pour conserver les poissons dans les paniers, on les place sur des lits d'orties.

Pêche (*Piscatura*). — Le mot pêche s'entend de l'action de pêcher du poisson avec des lignes ou des filets. La pêche s'appelait autrefois *foresta*, parce que, les rivières étant bordées de forêts, elles en étaient considérées comme des parties intégrantes. On trouve le mot *foresta* dans l'acte de donation que fit Childebert, à l'abbaye de Saint-Germain-des-Prés, de la pêche de la Seine, en face le village d'Issy, près Paris. Les chartes par lesquelles Charles-le-Chauve donna à l'abbaye de Saint-Denis la seigneurie de Cannache et les eaux qui en dépendaient, désignent le mot pêche par celui de forêt. — V. *Législation*.

M. de Boisjelin, dans ses poëmes, décrit la pêche de la manière suivante :

« Sous ces arbres penchés, qui de leur ombre immense
« Des ruses du pêcheur protégent le silence,
« L'eau tranquille languit dans son cours paresseux.
« Elle baisse, et l'on voit, le long des bords mousseux,
« Une écume blanchâtre et monter et descendre,
« Et l'humide limon se noircir et se fendre.
« Sur la rive du lac le pêcheur matinal
« De la pêche a porté le champêtre arsenal,
« Le cordonnet mobile, et la ligne étendue,
« Qui dans ses mains s'allonge et dans l'eau diminue,
« La mouche, l'hameçon et tous ces faux appâts
« Qui promettent la vie et donnent le trépas.

« Aux premiers feux du jour, les habitants de l'onde
« Ont ranimé sans bruit leur retraite profonde.
« Le pêcheur, de leurs jeux paisible observateur,
« Leur présente avec art son hameçon trompeur ;
« L'hôte imprudent des eaux vient, fuit, revient encore,
« Suit l'amorce perfide, et de l'œil la dévore ;
« Glisse, descend, remonte et la saisit soudain.
« Si la victime est faible, alors avec dédain
« On rend à leur séjour diaphane et mobile
« De ce peuple muet la jeunesse inutile.
« Mais, quand du sein profond de leur sombre palais,
« A travers les détours de leurs roseaux épais,
« Ou de l'abri fangeux de l'antique racine
« Des arbres dont le front sur les ondes s'incline,
« La ligne, se courbant sous de riches fardeaux,
« Enchaîne avec honneur les souverains des eaux,
« Le pêcheur attentif, et palpitant de joie,
« Adroitement fatigue et dirige sa proie :
« Il attire tantôt l'anguille au corps d'argent,
« Qui s'arrondit, serpente, et glisse en s'allongeant ;
« Tantôt la truite agile, aux couleurs inégales,
« Que des taches de feu marquent par intervalles ;
« La carpe aux bonds légers, et qui, rebelle encor,
« Fait vaciller l'éclat de ses écailles d'or ;
« Et la perche azurée, et le brochet avide,
« Tyran dévastateur de l'empire liquide. »

Peloter. — Faire des pelotes avec de la terre grasse pétrie avec des vers blancs, du blé ou des vers de terre.

Pour peloter, on choisit de la terre glaiseuse qu'on amollit en la mouillant et en la pétrissant longtemps pour qu'elle puisse se délayer plus facilement dans l'eau. On y mêle ensuite des appâts qui, en se détachant de la pelote, attirent les poissons.

Perche. — Il existe deux espèces de perches, la perche goujonière (*perca cernua*), et la perche ordinaire (*perca fluviatilis*).

La perche goujonière est plus petite que la perche ordinaire; elle a, comme le goujon, le corps transparent. Elle se tient dans les fleuves et rivières, sur les fonds sablonneux et au bord du rivage. On la pêche le matin et le soir avec des vers rouges, de la même manière que l'on pêche le goujon.

La perche ordinaire se reconnaît à ses couleurs bigarrées, et à son dos qui est garni de deux nageoires violettes à rayons piquants qu'elle dresse au moindre danger; elle vit dans les eaux tranquilles. On la trouve dans les lacs, étangs et canaux; elle se tient aussi dans les fleuves; elle aime à se cacher dans les herbes pour saisir les petits poissons qui s'en approchent, et dont elle fait sa principale nourriture.

La perche, dans nos contrées, croît jusqu'au poids de 2 kilogrammes. On prétend qu'il en existe, en Laponie et en Sibérie, d'une grandeur considérable, et que les Lapons conservaient une tête de perche qui avait près de 33 centimètres de longueur. On a raconté aussi que ce peuple, pour donner plus de solidité et de souplesse à ses arcs, les enduisait d'une colle faite avec de la peau de perche.

La perche fraye au mois d'avril dans les lacs et les étangs peu profonds, et au mois de mai dans les eaux qui le sont davantage. Sa fécondité est extraordinaire.

Pêche de la perche. — On pêche ce poisson toute l'année, on le prend le matin et le soir pendant l'été, et au milieu du jour dans la saison d'hiver. On emploie pour appât des vers de fumier, des vers d'eau, des crevettes, des queues d'écrevisses et des petits poissons vivants.

Pour pêcher la perche pendant les mois d'été, on place la ligne près des herbiers ; on laisse descendre le ver au fond et on le relève doucement jusqu'à ce qu'une perche le saisisse. Si le ver n'est pas attaqué après plusieurs tentatives, on cherche un autre endroit.

En hiver, lorsque les herbes sont disparues, on se sert d'une ligne sans flotte et plus longue que la canne à pêche. On jette la ligne au loin ; et, lorsque l'appât est descendu au fond, on le fait remonter deux ou trois fois à la surface ; et s'il n'est pas attaqué, on attire doucement l'appât vers le bord, de manière, pourtant, qu'il glisse au fond de l'eau comme s'il y rampait.

Lorsque les eaux sont prises par les glaces, on fait un large trou, et on y pêche en y plaçant et en relevant la ligne, comme on le fait pour la pêche d'été.

On pêche la perche pendant toute l'année avec du poisson vif ; le goujon est le meilleur pour amorcer les lignes, on l'accroche en lui passant l'hameçon à travers les narines ; il importe que l'appât soit très-frétillant pour qu'il soit aperçu de loin.

La ligne doit être préparée de manière que le poisson d'appât demeure entre deux eaux : il est aisé de reconnaître lorsqu'il va être attaqué : la flotte sautille deux ou trois fois, puis elle disparaît tout à coup ; il faut piquer lestement.

Comme les perches nagent presque toujours en troupes, on doit chercher les endroits où on peut les rencontrer, c'est pourquoi cette pêche n'exige pas qu'on séjourne longtemps au même endroit.

Piquer. — Le mot piquer signifie ferrer un poisson ou faire entrer l'hameçon dans ses chairs au moment où il aspire l'appât qui est accroché à cet hameçon; les Anglais se servent du mot tuer pour indiquer qu'ils viennent de piquer un poisson.

Le poisson qui habite les rivières saisit plus vite un appât que le poisson qui vit dans les étangs, par la raison qu'il craint que l'appât ne soit entraîné par le courant de l'eau et ne lui échappe. Le poisson d'étang, au contraire, n'a pas cette crainte à redouter, aussi aspire-t-il plus doucement et est-il plus longtemps à avaler l'appât.

Il ne faut pas piquer avec trop de précipitation. On doit juger, d'après la grosseur ou la grandeur de l'appât, le temps q'il faut au poisson pour l'avaler, et laisser la flotte de la ligne s'enfoncer plus ou moins profondément. On allonge alors le bras pour tendre la bannière; et l'on pique de côté par un léger coup de poignet.

Si le poisson est gros, ce que l'on juge de suite à sa résistance, on ne l'enlève pas hors de l'eau; on lui rend la main, et on le maintient en tournant de côté le scion de la canne, de manière que la flexibilité de ce scion agisse et empêche le poisson de briser la ligne. Ce n'est que lorsque celui-ci est épuisé, qu'on l'amène doucement vers le bord et qu'on l'enlève au moyen de l'épuisette.

Pisci-gluten ou glu pour les poissons. — Le pisci-gluten est une liqueur grasse, composée d'herbes aromatiques et autres ingrédients, qui sert à attirer les poissons de toute espèce.

On emploie le pisci-gluten avec les vers blancs, les vers rouges, le blé et le fromage. Il suffit d'en verser quelques gouttes sur ces appâts pour faire une pêche abondante.

Place. — Ce qu'on entend par place est l'endroit qui convient pour pêcher.

Les endroits déserts, profonds, les crônes, les remous, le voisinage des herbes ou des roseaux, les fonds de sable ou de gravier, les fonds marneux, l'embranchement des ruisseaux, le voisinage des égoûts, sont les meilleurs pour pêcher aux coups ou à la ligne dormante. Les fonds plats, la pointe des îlots, les eaux un peu rapides ne conviennent que pour les petits poissons.

Pour faire choix d'une place, il faut marcher sans bruit pour s'assurer, au moyen de la sonde, quelle est la profondeur de l'eau, si le terrain est égal partout, et si rien ne peut s'opposer à ce que la flotte de la ligne agisse facilement. On s'assied ensuite, on amorce, on prépare ses lignes et on les tend.

Quand une place est amorcée, on ne doit plus la quitter.

Plioir. — Le plioir, qu'on nomme aussi empiloir, est la planchette sur laquelle on plie les lignes. On en fait en bois et en roseau. Le plioir est échancré à chaque bout; il existe des encoches sur les côtés pour arrêter la ligne.

Les plioirs plats sont plus solides que les plioirs en roseau.

Plomb. — Le plomb ou cale sert à garnir les lignes, et à précipiter et à maintenir l'appât au fond de l'eau. On emploie, pour cet usage, du plomb laminé ou du plomb de chasse fendu par le milieu. La quantité de plomb ou le poids varie selon la grosseur et la longueur de la flotte de la ligne.

Le plomb de chasse convient mieux que le plomb laminé ; il produit moins de bruit en tombant dans l'eau, surtout quand on a soin de placer les grains de plomb a une distance de un ou de deux millimètres les uns des autres.

Plombée. — On emploie, pour garnir les lignes de fond, un morceau de plomb qu'on nomme plombée.

Il y a des plombées de différentes formes et de plusieurs grosseurs : les unes sont rondes ou carrées, les autres ont la forme d'une olive ou d'une clochette ; elles sont percées d'un trou au milieu, qui sert à passer le corps de la ligne.

Il existe un autre modèle de plombée beaucoup plus gros, qui a la forme d'une clochette avec une aile en plomb sur le côté et qu'on emploie pour les jeux.

Les pêcheurs de profession remplacent les plombées par des cailloux de forme ovale qu'ils attachent à leurs cordeaux.

Poisson. — La nature a pourvu les poissons de tous les organes nécessaires à leur existence. Ils ne pourraient respirer sans le secours de leurs branchies; leur queue et leurs nageoires servent à les diriger et à les maintenir dans l'eau.

Les nageoires sont de quatre espèces, elles tirent leur nom de la position qu'elles occupent : les nageoires pectorales servent à maintenir le poisson et à accélérer ses mouvements; les nageoires ventrales lui donnent le pouvoir de s'élever ou de plonger; les nageoires dorsales le maintiennent dans son équilibre et contribuent à hâter ses mouvements, et les nageoires anales lui donnent la facilité de se redresser debout.

Le corps de la plupart des poissons est couvert d'une matière visqueuse et gluante. Il existe sous leurs écailles une matière huileuse qui recouvre les parties musculaires de leur corps et leur conserve la chaleur et la vigueur nécessaires.

Chez tous les poissons, l'organe de l'ouïe est double comme celui de la vue; les deux oreilles sont contenues dans la cavité du crâne et occupent de chaque côté l'angle le plus éloigné du museau. Leurs yeux n'ont ni paupière ni membrane clignotante.

L'odorat est le premier des sens des poissons; il les guide au milieu des ténèbres, dans l'agitation des vagues et dans les eaux les plus troublées. C'est en descendant et en remontant les courants que leur odorat, plus que leur vue, est frappé par l'odeur des aliments que les eaux charrient.

Les poissons perdent de leur force au moment où ils sont sur le point de frayer et où les ovaires sont remplis et les laites tuméfiées. Ils sont, à cette époque, moins rusés; ils manquent d'adresse et de courage, ils sont plus affamés, et par conséquent plus faciles à prendre.

Quoique les poissons avalent une très-grande quantité de nourriture en peu de temps, ils peuvent néanmoins vivre plusieurs jours, plusieurs mois et même pendant une année sans manger; l'eau est naturellement nourrissante pour eux. Ils aiment à se livrer au repos, soit pendant la nuit, soit pendant le jour; certaines espèces se retirent dans des cavités pour dormir; d'autres dorment presque à la surface de l'eau. En hiver, ils se tiennent dans les endroits les plus profonds. Ils creusent parfois des trous dans la terre, dans le sable ou dans la vase; ils s'y réunissent plusieurs ensemble, et se serrent avec une telle force les uns contre les autres pour attirer la chaleur, que quelques-uns en deviennent victimes. Cependant, plusieurs espèces de poissons résistent au froid le plus rigoureux et nagent toute l'année.

Poisson mort. — Les poissons morts s'emploient pour pêcher à traîner les brochets ou les truites. On choisit pour cet usage des vairons ou des goujons.

Les poissons séchés au soleil et coupés par morceaux conviennent pour amorcer les lignes à anguille.

Porte-feuille. — Le porte-feuille qu'on emploie pour la pêche sert à renfermer et conserver les insectes artificiels. Il est en peau cartonnée; il existe à l'intérieur plusieurs feuillets en parchemin, garnis à chaque encoignure de morceaux de liége ronds. Des pattes en parchemin sont placées au centre des feuillets pour maintenir les insectes et les empêcher d'être déformés.

On ferme ces porte-feuilles au moyen d'un cordon, d'un ressort ou d'une clef.

Rouget. — Petit insecte écailleux dont le corps est allongé et d'une couleur rougeâtre. Sa tête est noire, et le dessous du ventre est garni de longues pattes.

Cet insecte, qu'on nomme aussi moine et mouche de haie, se trouve au printemps sur les haies et les buissons ; on l'emploie pour pêcher le meunier.

Sang. — Le sang cailleboté ou coagulé, provenant des veaux ou des moutons, s'emploie depuis le mois de mars jusqu'aux mois de septembre pour pêcher des meuniers dans les fonds d'eau.

On coupe le sang en petits morceaux pour l'accrocher à l'hameçon, et on le met dans l'eau fraîche pour le conserver.

Saumon (*salmo salar*). — Le saumon a le front, la nuque et les joues noirs, ses yeux sont petits, son dos est noir, les côtés sont bleuâtres et argentins, son ventre et sa gorge sont d'un rouge jaunâtre. Sa mâchoire supérieure est plus avancée que celle inférieure ; mais lorsque les mâles ont pris leur accroissement, la mâchoire supérieure forme le crochet et s'emboîte dans la mâchoire inférieure. L'intérieur de la bouche est garni de dents pointues dont quelques-unes sont mobiles.

Le saumon aime les eaux rapides ; il naît dans l'eau

douce et croît dans la mer. Il passe l'été dans les rivières et regagne la mer dans l'hiver. On le trouve dans toutes les parties de l'Europe qui communiquent avec l'Océan, dans la mer Caspienne, le Groënland, la Nouvelle-Hollande et le nord de l'Amérique.

Lorsque les saumons entrent dans les fleuves pour frayer, ils se mettent par troupes et se placent dans l'ordre suivant :

La plus grosse des femelles ouvre la marche ; à la distance d'une brasse, viennent deux autres saumons, et la marche continue à s'augmenter de cette manière, de sorte que, s'il s'en trouve trente-un ensemble, il y en a un en tête et quinze de chaque côté. Quand cet ordre est interrompu par un obstacle ou un bruit quelconque, les saumons se replacent dès que l'obstacle est franchi ou que le bruit a cessé de les effrayer. Mais s'ils donnent contre un filet, ils font une halte ; quelques-uns cherchent à s'échapper par dessous ou vers les côtés, et aussitôt qu'un des saumons de la troupe a trouvé une issue, les autres le suivent, et ils reprennent leur marche dans l'ordre indiqué. Les femelles se placent en tête de la troupe ; les plus gros mâles les suivent, les plus petits viennent ensuite.

Les troupes de saumons sont quelquefois si nombreuses, qu'en réunissant leurs forces elles déchirent les filets et s'échappent.

Par un beau temps, les saumons se tiennent au milieu des fleuves, près de la surface de l'eau ; on les entend de loin. Par les temps orageux, ils nagent au fond et leur passage reste inaperçu. Ils font de très-longs voyages dans les fleuves ; et si quelque digue ou cascade s'oppose à leur passage, ils sautent par-dessus.

Le saumon se nourrit de petits poissons et de toutes sortes d'insectes ; il mange aussi des vers de terre.

On pêche le saumon de la même manière que la truite et avec les mêmes appâts.

Sauterelle. — Les sauterelles sont de deux espèces : la sauterelle verte et la sauterelle grise. On trouve cet insecte dans les prairies, pendant les mois de juin, juillet et août ; elles se répandent dans les champs lorsque les blés sont coupés.

On pêche avec cet insecte des meuniers et des truites.

Scion. — On appelle scion la partie supérieure des cannes à pêche ; on donne aussi au scion le nom de verdillon.

On fait des scions avec du bois d'orme, de troëne, d'épine noire et de bambou.

Les scions d'orme, de troëne et d'épine se coupent sur pied pendant l'hiver ; on choisit les plus droits et les plus effilés, on les laisse sécher, on les dresse au feu et on les gratte ; on les enduit plusieurs fois d'huile de lin avant de s'en servir.

Il existe aussi des scions en troëne avec une enture en baleine ; il s'en fait aussi d'un seul ou de plusieurs morceaux de bambou entés les uns sur les autres avec une baleine au bout. Ces scions sont destinés particulièrement pour les cannes à mouches, comme étant plus solides et plus flexibles que les autres scions.

Scion à grelot. — Le scion à grelot sert pour pêcher le barbeau. Il est composé d'une baleine effilée de 33 centimètres de longueur, montée sur un manche en buis de 12 centimètres et garni d'un piquet en fer de 15 centimètres de longueur, qui sert à ficher en terre le scion à grelot.

A l'extrémité de la baleine est attaché un grelot qui tinte quand le poisson est pris. — V. *Pêche du barbeau.*

Scion à soutenir. — Ce scion est fait en baleine ; sa longueur est d'environ 30 à 40 centimètres, il est emmanché dans un bouchon en liége, il est garni d'un anneau en cuivre qui sert à passer le pouce de la main.

Ce scion s'emploie pour pêcher le barbeau le soir et le matin. — V. *Pêche du barbeau.*

Soie de chine. — Cette soie, qu'on nomme aussi *sina*, est enduite d'une préparation qui lui donne la couleur du boyau dont on fait les cordes à violon ; l'enduit l'empêche de se boucler et la rend plus durable. Cette soie est très-propre à faire des lignes, surtout lorsqu'elle est bien préparée et de bonne qualité.

Sonde. — On appelle sonde un morceau de plomb ayant la forme d'une clochette, et qui sert à prendre la profondeur de l'eau.

Il y a des sondes en plomb d'un seul morceau ; on en fait aussi qui sont garnies d'un morceau de liége pour y piquer l'hameçon.

Pour prendre la profondeur de l'eau et se servir de la sonde, on passe l'hameçon dans le trou ou l'anneau de celle-ci, et on le replie sur la monture de la ligne ou on le pique sur le liége.

C'est en vue de s'assurer de la nature du terrain, et de fixer la flotte à l'endroit de la ligne où elle doit demeurer, qu'on a recours à la sonde.

Les sondes en liége sont moins susceptibles de se décrocher en sondant.

Souris. — La souris sert à pêcher le brochet. On remplace les souris vivantes par des souris artificielles qu'on fait manœuvrer dans l'eau de manière à faire croire aux brochets qu'elles sont vivantes.

Tanche (*tanca* ou *tinca*). — La tanche a quelque ressemblance avec la carpe quant à sa forme ; la couleur de son corps est différente ; il est couvert de petites écailles très-nombreuses qui sont couvertes d'une matière épaisse et visqueuse, qu'on attribue au séjour presque continuel de ce poisson dans la vase ; son dos est rond et d'un vert foncé, les côtés sont d'un vert clair et jaune, le ventre est blanc, les nageoires sont plus épaisses et plus opaques que celles de la carpe. On distingue les mâles à leur couleur plus claire ; ils ont aussi les nageoires plus grandes et les arêtes plus fortes.

La tanche aime les eaux où il n'existe pas de courant, aussi la trouve-t-on en abondance dans les étangs, les rivières et autres endroits où les eaux sont stagnantes. Pendant l'été, elle se plaît dans les herbes touffues. Elle a la vie très-adhérente ; elle fraye au mois de juin et multiplie beaucoup.

On attribue à la tanche différentes facultés qui seraient bien précieuses si elles étaient réelles, puisqu'elle aurait le pouvoir de guérir de la peste, d'apaiser les maux de tête, de calmer l'inflammation des yeux, et de guérir de la jaunisse. L'eau qui a servi de cuisson à une tanche aurait aussi la vertu de faire disparaitre toute espèce de tache de graisse.

La tanche excède rarement le poids de deux à trois kilogrammes; elle aime les vers de terre, les vers d'eau, le pain et le blé cuit.

Pêche de la tanche. — On pêche la tanche pendant tous les mois d'été, le matin et le soir, et rarement au milieu du jour, à moins que le temps ne soit orageux.

On se sert pour faire cette pêche, de deux ou trois cannes très-longues, et de lignes à conducteurs ; on tend ces lignes les unes près des autres, de manière pourtant qu'elles soient assez espacées pour ne pas se nuire et se mêler ; l'appât doit demeurer complétement au fond de l'eau.

On choisit, pour placer les lignes, les voisinages des herbiers mousseux ; on pose les cannes à terre sur des fourchettes en bois, et on s'éloigne du bord.

La tanche suce longtemps le ver avant de l'avaler ; on reconnaît facilement son attaque au faible sautillement de la flotte, et au cercle que celle-ci décrit avant de s'enfoncer.

Il arrive parfois que la flotte, après avoir sautillé, cesse de bouger. Cette cause est due aux tanches peu affamées qui, sans cependant abandonner le ver, le sucent si légèrement que la repercussion est insensible. Pour décider le poisson à se saisir du ver et à l'aspirer, on lève doucement la flotte, et la tanche, croyant que l'appât va lui échapper, le reprend aussitôt et fuit dans les herbes en l'emportant avec elle.

On ne doit pas piquer une tanche avec précipitation ; il faut lui laisser le temps d'avaler complétement l'appât. On est plus certain de ne pas la manquer lorsqu'on laisse disparaître les deux ou trois conducteurs qui précèdent la flotte. *Trimère. V. Liége flottant.*

Trousse. — On appelle trousse un sac fait en peau avec une ou plusieurs poches pour y mettre des lignes.

La grandeur des trousses est d'environ 15 à 20 centimètres de long sur 11 à 12 centimètres de large. On les ferme au moyen d'un cordon qu'on roule autour.

Les trousses faites en peau ont pour avantage d'empêcher les hameçons des lignes de s'y accrocher, comme cela aurait lieu si elles étaient en toile.

Truite (*salmo fario, salmo trutta*).—Il existe deux espèces de truites : la truite ordinaire et la truite saumonée.

La truite ordinaire est mouchetée de taches rouges et rondes ; sa tête est grosse ; l'intérieur de sa bouche est garni de dents pointues et recourbées en dedans. Le nez et le front sont brun foncé ; les joues jaune mêlé de vert. La prunelle des yeux est noire et bordée de rouge ; l'iris est blanc avec une bordure noirâtre qui forme le croissant. Le corps est étroit, et le dos est rond, moucheté de points noirs ; les côtés sont d'un vert jaune et jaune d'or ; le ventre et la gorge sont blancs.

La femelle a des couleurs plus brillantes et plus éclatantes que celles du mâle.

Le poids de la truite ordinaire n'excède pas 1 à 2 kilogrammes ; son existence dure 9 ou 10 ans ; elle fraye au mois de septembre; elle se blottit dans les racines des arbres qui bordent les rivières, ou entre les grosses pierres, pour y déposer ses œufs.

La truite aime les eaux claires, vives et froides; elle se nourrit de vers de terre, d'insectes, de petits poissons, de sangsues, d'escargots et de coquillages. Elle saute comme le saumon, et franchit les obstacles qui s'opposent à son passage.

On reconnaît la truite saumonée à sa chair rouge et aux taches noires dont son corps et sa tête sont couverts. Le nez et le front sont noirs; les joues, jaune mélangé de violet. Le dos est noir; le ventre et la gorge sont blancs.

La truite saumonée fraye en hiver; elle se tient dans les mêmes parages que le saumon, c'est-à-dire dans la mer et dans les fleuves, où elle dépose ses œufs; sa nourriture est la même que celle de la truite ordinaire; elle est plus grosse que celle-ci. On la dit sujette à une maladie qu'on nomme consomption; cette maladie fait gonfler sa tête, son corps maigrit et ses intestins se remplissent de pustules.

Pêche de la truite avec des vers de terre. — On suit en silence le bord des rivières pour y chercher les fonds d'eau, les herbiers et, en général, les endroits où on présume que les truites sont cachées; et l'on évite avec soin de se montrer. Le pêcheur doit rouler avec ses doigts le bas de la ligne, et il la place dans l'eau. La ligne, en se déroulant, fait tourner le ver, et ce mouvement, étant aperçu par les truites, les excite à mordre et à s'emparer plus vite de l'appât.

Pêche au vif. — La pêche au vif se fait de la même manière, à l'exception qu'il n'est pas utile de rouler le bas de la ligne ; on la pose seulement dans l'eau, après avoir accroché à l'hameçon un vairon vivant.

Pêche avec des insectes. — La pêche la plus agréable pour prendre des truites est sans contredit la pêche à la surface de l'eau, avec des insectes naturels ou artificiels, ou la pêche à traîner avec un tue-diable ou un petit poisson. Cette pêche se fait avec une canne à moulinet, dite canne à mouche, et avec une ligne en crin, faite en queue de rat, sans flotte ni plomb.

On choisit les endroits où les eaux bouillonnent ou coulent rapidement ; on jette l'appât au loin, et on guette le moment où la truite s'en empare pour la piquer immédiatement.

Thompson, auteur anglais, dans son poëme des quatre saisons, page 31, a défini ainsi qu'il suit la manière de prendre les truites :

« Quand, après les pluies du printemps, les eaux
« commencent à décroître et à rentrer dans les bornes
« ordinaires ; quand une écume blanchâtre descend le
« long des rivages mousseux, et que les eaux, encore
« un peu troublées, favorisent les ruses du pêcheur, il
« est temps d'amorcer la truite. Prépare alors tout le
« petit arsenal de la pêche : la mouche artistement
« imitée et pressant les crampons de l'hameçon, la
« canne qui s'allonge imperceptiblement, et acquiert par
« là une force élastique ; enfin le cordonnet flottant
« formé de la dépouille d'un coursier blanc.

« Quand le soleil, dans sa force, perce les eaux de
« ses rayons ardents, et éveille la troupe écaillée, lève-

« toi gaiement et cours à ton agréable exercice, sur-
« tout si les vents d'occident font perler les eaux et
« chassent par intervalles les nuages pleins de pluie.
« Suis le courant des eaux qui murmurent, en traver-
« sant les collines et les forêts, et montant jusqu'à leur
« source. Parcours ensuite ce labyrinthe pierreux jus-
« qu'à ce que, dans sa course, il forme une espèce
« d'étang où ces petites naïades aiment dans leurs jeux
« à jouir de l'espace. Jette ton amorce trompeuse jus-
« tement dans le point douteux où le ruisseau trem-
« blant commence à s'élargir, où les ondes bouillon-
« nent autour de la pierre et où, repoussées du bord
« creux qui les rejette, elles forment de petites vagues.
« Remarque d'un air attentif le poisson qui saute, tan-
« dis que tu conduis avec art ta ligne courbée. Il
« s'élève en jouant sur la surface des eaux, où il
« s'élance pressé par la faim. Fixe alors ton hameçon,
« jette légèrement sur le bord mousseux les plus im-
« prudents ; attire les autres lentement vers la pente
« du rivage, d'une main proportionnée à leur force.
« S'ils sont trop faibles, c'est une prise indigne de toi
« et qui ne mérite pas tes soins ; dégage-les doucement
« de l'hameçon de ta ligne, prends pitié de leur jeu-
« nesse et du court espace qu'ils ont eu pour jouir de
« la lumière du ciel ; rends à leur retraite ces enfants
« des eaux, mais, si tu attires, de ces demeures som-
« bres et de dessous les racines tortueuses des arbres,
« le monarque des ruisseaux, il faut alors que tu re-
« doubles d'adresse. Il examine l'amorce et la suit
« longtemps avec précaution, souvent il l'essaye ; mais
« la moindre ride de l'eau réveille sa crainte jalouse.
« Heureusement, enfin, un nuage passe et obscurcit le
« soleil ; craignant de perdre sa proie, il s'élance témé-
« rairement et saisit la mort. Blessé profondément, il
« part comme un trait et fuit de la longueur de la li-
« gne ; il cherche le marécage, l'abri le plus bourbeux
« des roseaux et les trous les plus profonds, son an-

« cienne et tranquille demeure. Il saute, se plonge
« dans le fort des eaux sans pouvoir échapper au trait
« qui l'a abusé. Toi, qu'il ne peut fuir, prête la main à
« sa course furieuse, retiens-la quelquefois, fléchis
« souvent le bras et suis-le à travers le cours des
« eaux ; épuise ainsi sa rage inutile, jusqu'à ce que,
« flottant, étendu sur le côté et abandonné à son des-
« tin, il te livre ta proie que tu retires gaiement sur le
« rivage. »

Tue-Diable. — Chenille artificielle armée de plusieurs hameçons, qui sert à prendre les truites.

Le tue-diable est légèrement contourné ; le corps
est en soie et recouvert d'une bande de clinquant ; la
queue est en fer-blanc. — V. *Pêche de la truite*.

Vairon ou **Véron.** — Ce poisson, que les Italiens
nomment Pardela, les Romains Morella, et qu'on appelle Sanguinerol, est d'une longueur d'environ 4 à 5
centimètres. Les diverses couleurs dont son corps est
revêtu sont bleues, jaunes et noires, ou rouges, bleues
et blanches, traversées par des raies qui vont du dos à
la ligne latérale. Ces couleurs sont brillantes et variées.

Le vairon se nourrit de subtances végétales et de
petits insectes ; il aime une eau pure et courante, un
fond sablonneux ; il se tient près des moulins.

On pêche le vairon avec une ligne légère amorcée
avec de petits vers rouges ou des vers blancs.

On emploie ce poisson pour pêcher la truite. —
V. *Amorce vive*.

Vandaise ou **Vandoise** (*Leuriscus*). — La vandaise, qu'on nomme aussi dard, sophio et saiffle, a le
corps allongé et la tête petite. Elle ressemble parfaite-

ment au gardon, à l'exception que les côtés de son corps et les nageoires sont blancs et que le dos est brun.

Ce poisson se tient dans les eaux pures et vives, et sur les fonds pierreux ; il fraye au mois de juin. Et comme il est friand de blé, on le trouve principalement près des moulins ou des bateaux chargés de blé.

Pêche de la vandaise. — Les mois favorables à cette pêche sont les mois de juin, juillet et août. On emploie les mêmes lignes et les mêmes appâts que pour le gardon, mais on pêche plus au large.

Les pêcheurs prennent aussi ce poisson avec des insectes tels que le rouget, la fourmi des bois, les sauterelles, etc. ; ils emploient pour cet usage une ligne longue et légère qu'ils garnissent d'une petite flotte et d'un plomb. Ils jettent cette ligne au large, la laissent descendre le courant et piquent aussitôt que la flotte disparaît.

Vent. — Le vent, pendant les mois les plus chauds de l'année, n'est pas sans influence sur la réussite de la pêche. Nous avons remarqué que la pêche est plus productive lorsqu'un vent léger souffle du nord ou de l'ouest, et que, par les vents du sud ou de l'est, le poisson ne mord presque pas. Cela tient à ce que les vents de ces dernières régions étant secs et chauds, les poissons souffrent de la chaleur et se retirent dans des cavités pour n'en sortir que la nuit.

Ver à queue. — Le ver à queue naît dans les latrines et les égouts ; sa couleur est d'un blanc cendré. Ce ver se décompose facilement et sert à prendre les barbeaux et les brêmes dans les grands fonds d'eau.

Ver blanc. — Le ver blanc, dit asticot, naît des œufs déposés sur la viande corrompue, par trois espèces de mouches nommées : musca carniara, musca vivipara, et musca césar.

Le ver blanc commence à paraître vers le mois d'avril ; il convient pour pêcher tous les poissons d'eau douce. Il porte avec lui une odeur très-infecte qui provient des charognes dans lesquelles il naît ; cette odeur est encore plus sensible lorsque le temps est à l'orage.

Pour désinfecter le ver blanc, on le met dans du son ou de la sciure de bois qu'on arrose de quelques gouttes de pisci-gluten.

On se procure des vers blancs en exposant pendant plusieurs jours au soleil un morceau de viande quelconque.

La forme du ver blanc est plus grosse d'un côté que de l'autre ; la tête est carrée et la queue pointue. On accroche ce ver à l'hameçon en piquant le dard de celui-ci près de la tête de l'insecte, et de manière que la queue soit pendante et puisse se mouvoir.

Ver d'eau. — Cet insecte, qu'on nomme aussi chênefer et portebois, provient de la larve des friganes (insectes nevroptères) ; il vit au fond de l'eau. On le trouve dans les marais, les ruisseaux et au bord des étangs.

Le ver d'eau est recouvert d'un fourreau formé de feuilles, de petits bouts de bois, de tiges de plantes, de roseaux, de brins de paille, de jonc, de gramen, de graines, de grains de terre, de coquilles de limaçon aquatique, etc., qu'il traîne avec lui quand il marche ; a couleur de cet insecte est d'un blanc gris ; sa longueur est de deux centimètres. Sa tête est noire, son corps est garni de six pattes qui lui servent à s'accrocher aux plantes aquatiques ou à se traîner au fond de l'eau. Lorsqu'il veut marcher, il sort sa tête et la partie antérieure de son corps hors de son fourreau, et il se cramponne avec ses pattes. Il se renfonce dans son fourreau dès qu'on le saisit.

Le ver d'eau fait son apparition vers la fin du mois d'avril; on en trouve jusqu'au mois de mai; il se métamorphose en frigane au mois de juin, et produit ce papillon que l'on nomme demoiselle, et qui voltige sur les plantes près des ruisseaux.

On emploie le ver d'eau pour pêcher la carpe, le gardon, le goujon, la perche et la tanche dans les étangs; on le pique à l'hameçon la tête en bas.

Pour éviter que ce ver se dessèche et meure lorsqu'il est hors de l'eau, on le met dans un sac d'étoffe de laine qu'on trempe de temps en temps dans l'eau.

Ver de fumier. — On trouve ce ver sous le vieux fumier servant de couche aux melons.

Le ver de fumier porte avec lui une odeur de musc qui plaît aux poissons, et surtout aux perches; sa couleur est bigarrée de rouge, de brun et de jaune. On le pique à l'hameçon de la même manière que le ver rouge.

Ver de manne. — Le ver de manne est un très-bon appât pour les barbeaux, les meuniers et les gardons; on le trouve au bord des rivières dans les terres glaiseuses humectées par l'eau. Son corps est jaunâtre et garni d'une grande quantité de pattes. On s'aperçoit de la présence du ver dans la glaise aux petits trous dont elle est percée.

A une certaine époque de l'année, c'est-à-dire vers les mois de juillet et d'août, ces insectes se transforment en papillons d'un gris blanc, qui font la désolation des pêcheurs. Ces papillons se répandent sur l'eau vers le soir, et en si grande abondance que les poissons s'en repaissent et qu'il n'est plus possible de les prendre à la ligne, à moins qu'on ne fassent de petites boules avec ces papillons et qu'on ne les accroche aux hameçons.

Ver de terre. — Il existe deux espèces de vers de terre : les uns sont gros et ont la tête noire ; les autres sont petits et la partie du corps d'un rouge vermeil.

Le ver à tête noire, connu aussi sous le nom de achée, s'emploie pour pêcher la carpe, la tanche et l'anguille pendant tout l'été. On le trouve dans les jardins, les prairies, et dans tous les endroits humides. Le moyen de s'en procurer est de bêcher la terre ou d'enfoncer une fourche ou un morceau de bois pointu dans la terre, et de l'agiter par saccades ; les secousses que la terre en éprouve font sortir les vers. Quelques pêcheurs, pour ne pas se donner cette peine, se munissent le soir d'une lanterne et vont sans bruit faire leurs provisions de vers sur la terre humide, où on les aperçoit le corps à moitié sorti de leur trou.

Pour rendre les vers plus fermes et plus frétillants, on les met dégorger pendant plusieurs jours dans un vase rempli de mousse légérement imbibée d'eau ou de lait, et on y verse quelques gouttes de pisci-gluten.

Le moyen de conserver les vers pendant longtemps, c'est de les mettre dans un baquet avec un peu de terre qu'on recouvre de mousse ou de touffes de gazon, et qu'on arrose tous les jours lorsque le temps est sec et chaud.

Les pêcheurs qui emploient ce moyen pour leur provision d'été visitent de temps en temps les vers et en retirent ceux dont le collier est gonflé, ce signe étant celui d'une maladie qui les frappe et en détruit beaucoup.

Pour aicher ou amorcer un hameçon avec un ver de terre à tête noire, il faut piquer le ver sur la partie centrale de la tête et engager l'hameçon jusqu'à une distance d'au moins deux centimètres ; on fait sortir la partie courbée de l'hameçon et on la repique au-dessous du collier de l'insecte. cette manière d'amorcer a pour effet de rendre l'hameçon moins apparent, et de laisser à la queue du ver la faculté de se tortiller en tout sens.

Le ver rouge, qui sert au printemps et à l'automne à prendre les barbeaux, les gardons, les goujons, les meuniers, les perches et les truites, habite les endroits marécageux, le bord des ruisseaux et les terres noires et grasses.

On accroche le ver rouge à l'hameçon en piquant celui-ci près du collier du ver et en faisant remonter le dard du côté de la tête.

Vessie flottante. — On se sert d'une vessie de porc ou de sanglier pour prendre les carpes et les brochets dans les étangs.

Le moyen de s'en servir est d'attacher au nœud de la vessie, après l'avoir gonflée, un bout de cordonnet ou de fouet qu'on garnit d'un plomb et d'un hameçon ; on accroche à cet hameçon un ver ou un poisson vivant, et l'on place la vessie sur l'eau.

NOMS des POISSONS	MODE de PÊCHE	DÉSIGNATION DES LIGNES
Ablette.....	Aux coups	Ligne en crin ou cordonnet très-fin ....
	A louetter.........	Ligne en crin avec hameçons montés sur un seul crin................
Anguille...	Dans l'eau dormante	Ligne en cordonnet fort avec six conducteurs en liége................
	A la trainée dite de fond.........	Ligne en fouet avec des hameçons à boucle ou à palette renforcés, montés sur du fouet ou de la corde à guitare avec des plombs ou des pierres placées de deux en deux mètres environ entre les hameçons........... ....
Barbeau ...	Aux coups, avec du blé	Ligne en cordonnet fort....................
	Avec des vers à soie	— — — ....,......
	Avec des vers blancs	Ligne en cordonnet moyen ou en crin ....
	A rouler...........	/— — — ....
	A soutenir.........	Ligne en cordonnet ou en fouet ....
	Au grelot..........	— — — ....
	Au jeu...........	Ligne en fouet....................
Brême.....	Aux coups pendant l'été.............	Ligne en cordonnet moyen ou en crin....... ...
	Au ver de terre, pendant l'automne, près des ponts....	— — — ....
Brochet....	Aux coups.........	Ligne en cordonnet très-fort, avec six ou huit conducteurs en liége, hameçon double monté sur corde à guitare et attaché au corps de la ligne par un émerillon à crochet et balle en plomb percée au-dessus de cet émerillon,....
	A traîner..........	Ligne en cordonnet très-fort, hameçon double monté sur corde à guitare, émerillon à crochet, peu ou pas de plomb au-dessus.............
	Dite de fond.......	Ligne en fort cordonnet ou en fouet de lin, hameçons doubles montés sur chaînette en laiton tressé, séparés par des plombées ou des pierres
Carpe......	Dans l'eau courante	Ligne en cordonnet fort, avec balle ou olive en plomb percée..... ....
	Dans l'eau dormante	Ligne en cordonnet fort, avec six conducteurs en liége...........

LONGUEUR.	NOMBRE. de crins tressés	NOMBRE de boyaux de vers à soie, pour le bas de la ligne	NATURE de LA FLOTTE	NOMBRE d'ha-meçons.	NUMÉROS des hameçons	DISTANCE entre chaque hameçon.	LONGUEUR de l'empile des hameçons supé-rieurs.	HAUTEUR des plombs.
m,50	3, 2 et 1	»	Plume légère.	2 et 3	18	0,15c	0,04c	0,10c
5m	2 et 1	»	—	5	18	0,30	0,03	0,15
8m	»	3	Liége moyen (forme de poire)	1	6	»	»	0,20
à 25m	»	»	»	12 à 20	4	0,60	0,15	»
6m		3	Liége moyen.	1	10	»	»	0,18
6m		3	—	1	4	»	»	0,18
5m		2	Liége petit	2	12	0,20	0,06	0,12
6m	2	»	»	5	14	0,25	0,04	0,15
7m	»	2	»	1	16	»	»	0,20
30m	»	1	»	1	6	»	»	0,20
10m	»	»	»	6 à 8	9	0,33	0,08	4m
6m	9	3	Liége moyen.	1	10	»	»	0,18c
10m	»	6	»	4	9	0,50	0,08	0,30
à 30m	»	»	Très-grosliége (forme de poire)	1	17 18 ou 19	»	»	0,20
à 30m	»	»	»	1	18 ou 19	»	»	0,20
à 25m	»	»	»	10 à 12	17 ou 18	2m	»	»
5m	»	2	Liége moyen.	1	8 ou 9	»	»	0.20
8m	»	2	—	1	8 ou 9	»	»	0,20

NOMS des POISSONS	MODE de PÊCHE	DÉSIGNATION DES LIGNES
Éperlan...	»	Ligne en crin..............................
Gardon....	Dans l'eau courante, avec des vers blancs	Ligne en crin ou en cordonnet fin.............
	Au blé ou au ver de terre.............	— — plus fort........
	Dans l'eau dormante	— — moyen.........
Goujon....	Aux coups..........	— — fin.............
	A traîner...........	— — — ....
Meunier...	Au ver blanc.......	— — moyen.........
	Au blé ou au ver de terre.............	— — plus fort.......
	Au raisin...........	— — — ....
	A la cerise.........	— — — ....
	Aux insectes ou à la mouche..........	Ligne en crin en queue de rat................
	Au vif.............	Ligne en crin ou en cordonnet avec six conduc teurs en liége et émerillon............ ....
Perche....	Au ver de terre.....	Ligne en crin ou en cordonnet moyen.........
	A la crevette.......	— — — ....
	Au vif.............	Ligne en cordonnet moyen, six conducteurs en liége et émerillon ....
Saumon...	A la mouche........	Ligne en crin en queue de rat forte...........
	Au ver de terre....	Ligne en cordonnet très-fort et six conducteurs
Tanche....	Dans l'eau dormante	— — moyen, six conducteurs ..
	Au ver de terre....	— — fort.....................
Truite....	A la mouche........	Ligne en crin à queue de rat................
	Au poisson artificiel ou au tue-diable.	— — 2 émerillons à 18 ou 2 centimèt. l'un de l'autre, dont un à crochet,.
Veron......	»	Ligne en crin..........................
Vandaise..	Au blé.............	Ligne en crin ou en cordonnet moyen.........

LONGUEUR	NOMBRE de crins tressés.	NOMBRE de boyaux de vers à soie pour le bas de la ligne	NATURE de LA FLOTTE	NOMBRE d'hameçons,	NUMÉROS des hameçons	DISTANCE entre chaque hameçon.	LONGUEUR. de l'empile des hameçons supérieurs.	HAUTEUR des plombs.
..m	2 et 1	»	Petite plume.	2 et 3	19	0.15c	0.04c	0,10c
..m	6	2	—	2	14	0,15	0,04	0,10
..m	9	2	Moyenᵉ plume	1	12	»	»	0 15
..m	6	2	—	2	12	0,15	0,04	0,10
..m	4	1	—	2	14	0,10	0,06	0,05
..m	4	2	»	1	14	»	»	0.15
..m	6	2	Moyenᵉ plume	2	12	0,20	0,04	0,15
..m	9	2	Forte plume.	1	10 ou 12	»	»	0,15
..m	9	2	Petit liége.	1	9	»	»	0,15
..m	12	1	L.ége moyen.	1	4	»	»	0,20
à 20m	»	2	»	1	9 à 12	»	»	»
à 12m	»	1	Liége moyen.	1	6	»	»	0,15
..m	6	1	—	1 ou 2	:0	0.15	0.05	0,10
..m	9	1	—	1	9	»	»	0,15
à 8m	»	1	—	1	9	»	»	0,15
..m	»	1	»	1	0 à 4/0	»	»	»
..m	»	1	Fort liége.	1	1 à 2/0	»	»	0,15
..0m	»	1	—	1	6 à 8	»	»	0,20
..m	»	2	Liége moyen.	1	9	»	»	0,15
à 20m	»	1	»	1	4 à 12	»	»	»
—	»	3	»	»	»	»	»	.
..m	2 et 1	»	Petite plume	2	19	0.15	0,04	0 10
..m	9	2	Petit liége	1	10	»	»	0,15

PARIS. — IMPRIMERIE Vᵒ EDOUARD VERT

29, rue Notre-Dame-de-Nazareth, 29.

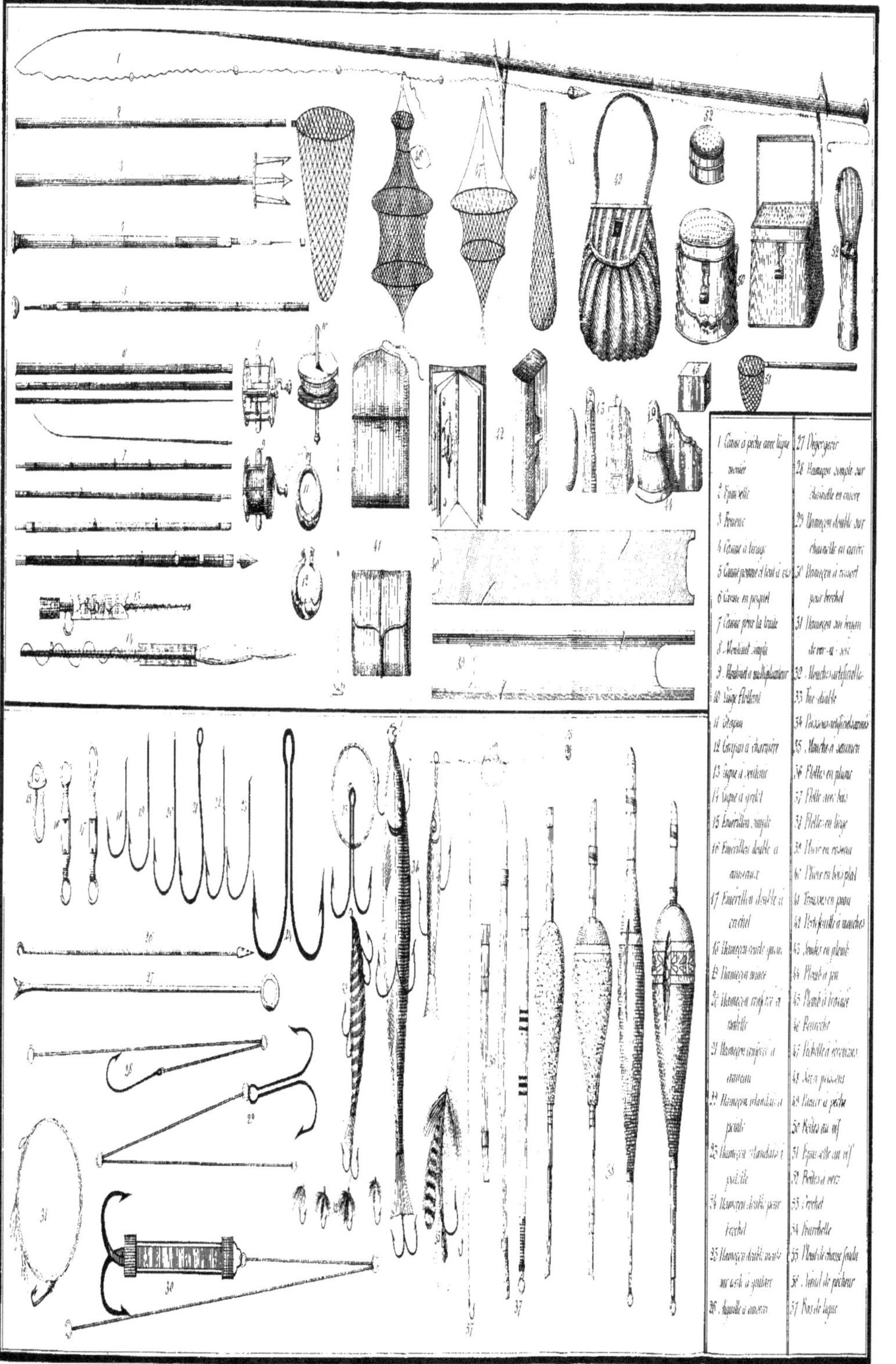

1 Canne à pêche avec ligne montée
2 Épuisette
3 Pesenc
4 Canne à lancer
5 Canne pomme et bout à vis
6 Canne en paquet
7 Canne pour la truite
8 Moulinet simple
9 Moulinet à multiplicateur
10 Singe flottant
11 Drapeau
12 Goujon à charnière
13 Ligne à rouleur
14 Ligne à grelot
15 Émerillon simple
16 Émerillon double à anneaux
17 Émerillon double à crochet
18 Hameçon courte queue
19 Hameçon mince
20 Hameçon monté à palette
21 Hameçon monté à anneau
22 Hameçon irlandais à palette
23 Hameçon irlandais à palette
24 Hameçon double par le crochet
25 Hameçon double monté sur crin à gibier
26 Aiguille à amorcer
27 Dégorgeoir
28 Hameçon simple sur chaînette en cuivre
29 Hameçon double sur chaînette en cuivre
30 Hameçon à ressort pour brochet
31 Hameçon au brin de ver à soie
32 Mouches artificielles
33 Tue-diable
34 Poissons artificiels armés
35 Mouche à saumon
36 Flotte en plume
37 Flotte avec bas
38 Flotte en liège
39 Flotte en roseau
40 Flotte en bois plat
41 Trousse en peau
42 Portefeuille à mouches
43 Boules en plomb
44 Plomb à jeu
45 Plomb à traîner
46 Pénoche
47 Palette à éventails
48 Jeu à poissons
49 Panier à pêche
50 Boîtes au vif
51 Épuisette au vif
52 Boîtes à vers
53 Crochet
54 Fourchette
55 Plomb de chasse fendu
56 Nœud de pêcheur
57 Bas de ligne